中等职业教育国家规划教材（通信技术专业）

数字通信技术

（第2版）

主编　王钧铭

主审　杨元廷

电子工业出版社

Publishing House of Electronics Industry

北京·BEIJING

内 容 简 介

本书介绍了数字信号的特性、基带传输与频带传输的基本原理、信源、信道编码与解码的方法，各种数字传输系统的构成及工作原理，并对计算机局域网、有线电视网、第二、三代移动电话网、分组交换网等部分数字通信网组成及工作原理作了简单的介绍。

本书内容浅显，所涉及的知识面较宽，对读者的专业基础要求低，适合中等职业学校的学生使用，也可作为电子类工程技术人员和管理人员的参考用书。

本书还配有电子教学参考资料包，详见前言。

未经许可，不得以任何方式复制或抄袭本书之部分或全部内容。

版权所有，侵权必究。

图书在版编目（CIP）数据

数字通信技术/王钧铭主编. —2 版. —北京：电子工业出版社，2010.6
中等职业教育国家规划教材·通信技术专业
ISBN 978 – 7 – 121 – 10974 – 4

Ⅰ. ① 数… Ⅱ. ① 王… Ⅲ. ① 数字通信 – 专业学校 – 教材 Ⅳ. ① TN914.3

中国版本图书馆 CIP 数据核字（2010）第 096607 号

策划编辑：蔡　葵
责任编辑：刘永成
印　　刷：北京京师印务有限公司
装　　订：北京京师印务有限公司
出版发行：电子工业出版社
　　　　　北京市海淀区万寿路 173 信箱　邮编
开　　本：787×1092　1/16　印张：9.75　字数：248 千字
版　　次：2002 年 6 月第 1 版
　　　　　2010 年 6 月第 2 版
印　　次：2021 年 5 月第 11 次印刷
定　　价：26.00 元

前　言

通信技术已渗透到现代社会的各个角落，以光通信、移动通信和计算机网络通信为代表的各种通信方式越来越多地进入人们的日常生活中。作为中等职业学校信息技术类专业的学生，学习通信技术，不仅有利于毕业后从事本专业的工作，同时也有利于在各种活动中充分有效地利用通信资源。与其他课程相比，通信技术课程具有很强的系统性，对于改进学习者的思维方式会有很大的帮助。使用本教材的学生应具备一定的电子线路和电子整机等方面的知识。本课程的目标是帮助学生建立完整的数字通信系统的概念，了解数字信号传输与处理的一般方法，理解卫星通信系统、光纤通信系统、移动通信系统的组成与工作原理，了解计算机局域网、数字数据网、移动通信网等常见通信网络的组成方案及工作特点，了解 OSI 等通信协议的内容及应用，了解通信技术的发展趋势，为从事通信方面的工作打下基础，同时也培养学生系统的分析问题的能力。

本书共 6 章，其中 1～4 章主要介绍通信的基本原理、信号的处理及传输技术，第 5 章介绍各种通信系统的组成原理，第 6 章介绍各种通信网络、业务及终端设备。每章均安排了相应的习题与思考题。建议各章学时安排如下：

章　节	学　时
第 1 章 数字通信概述	4 学时
第 2 章 数字编码与解码	6 学时
第 3 章 数字信号的基带传输	10 学时
第 4 章 数字信号的频带传输	12 学时
第 5 章 数字传输系统	12 学时
第 6 章 通信网络	8 学时

本书第 1 章至第 3 章由王钧铭编写，第 4 章至第 6 章由吕艳编写，全书由王钧铭统稿，杨元廷担任主审。本书在编写过程中得到了扬州信息职业技术学校赵杰等老师的帮助，在此表示衷心的感谢。

通信技术是现代社会中发展最迅速的技术之一，尽管编者力求在阐明通信基本原理并在此基础上引入最新的知识和技术，但受编者本人的水平局限仍有许多不足之处，恳请批评指正。

为了方便教师教学，本书还配有教学指南、电子教案及习题答案（电子版）。请有此需要的教师登录华信教育资源网(www. hxedu. com. cn)免费注册后再进行下载，有问题时请在网站留言板留言或与电子工业出版社联系(E-mail:hxedu@ phei. com. cn)。

编　者

2010 年 6 月

目　　录

第1章
数字通信概述

通信（Communication）的原意是指"交流"，即两个人之间的信息交换。最常见的交流方式是两个人之间的对话，也可以是信件、手势等方式。随着社会的发展，人们对信息交流的要求越来越高，这种要求主要表现在信息的"传递、交换、处理"三个方面。首先是传递的距离越来越长，信息量越来越大，实时性要求越来越强，因此需要有一个强有力的信息载体和传输系统来传递信息；其次是交流更加方便，形式更加多样化，可以在任何时间、任何地点与任何人进行任何方式的交流，这就要求有一个庞大的系统（网络）来支持这种要求，并且这种系统具有"交换"的功能；再者是要从各种纷乱繁杂的信号中提取对接收者来说真正有意义的内容，这就需要对信息进行处理。因此通信可以定义为信息的传递、交换和处理，通信技术包括了信息传递技术、信息交换技术和信息处理技术。

1.1 通信的基本概念

1.1.1 信息与信号

在日常生活中，人们通过对话、书信、表演等多种形式进行思想交流和现象描述，这些过程都可以称为消息（Message）的传递。消息中所包含的对接受者有意义的内容称为信息（Information）。信息的多少用信息量表示。

信号（signal）是信息的载体，是运载信息的工具，它可以是声音、图像、电压、电流或光等各种形式。在现代通信系统中电信号由于具有传递速度快（接近于光速），传输距离远，能承载的信息量大，并且由于电子、计算机等技术的发展使电信号在交换和处理方面占有绝对的优势，使得电信号成为通信信号的主要形式。近年来随着光纤生产工艺的不断改进，光信号在光纤中的传输被越来越多地应用在通信系统中。

1.1.2 模拟信号与数字信号

对电信号可以进行时域描述，即信号的参数（如电压、电流等）与时间的关系，可以通过仪器（如示波器）直接观测，这种关系曲线称为"波形（Waveform）"。信号按其波形特征可分为两大类：一类是模拟信号，另一类是数字信号。

（1）模拟信号（Analogue Signal）

1

在时间和幅度上都是连续的信号称之为模拟信号。连续的含义是指在指某一取值范围内可以取无限多个数值。图1-1(a)是语音信号的电压波形，电压的大小反映了语音声强的大小，其幅度是连续变化的，因此它是模拟信号。

模拟信号的最大特点是在任何时刻，信号的值都是有意义的。图1-1(b)是图1-1(a)波形的变异，在t_1时刻波形发生了变化，可能是受到了干扰或出现了波形失真，喇叭发出来的声音在t_1时刻有"咔嚓"声或变调。因此，模拟信号在传输和处理过程中对抗干扰和失真有很高的要求。一般来说，模拟信号一旦受到干扰或失真就很难彻底消除，所采取的措施只能使其影响降低到可接受的程度。

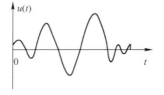

（a）语音信号波形　　　　（b）受到干扰或失真的语音信号

图1-1　模拟信号示例

（2）数字信号（Digital Signal）

在时间上离散，且表征信号的某一参量（如幅度、频率、相位等）只能取有限个数值的信号称之为数字信号。图1-2是数字信号的两个波形例子。图1-2(a)中波形的电压值只有两种状态，或是2V，或是0V，可分别用代码"0"或"1"表示其中的一种状态。像这样只有两种取值的波形称为二值波形，相应的代码称为二进制码。图1-2(b)中波形的电压值有4种状态，任何时候信号只能取四个幅值（3V、1V、−1V、−3V）中的一个，对应地表示3、2、1、0四个代码（四进制码）。电报信号、计算机数据信号均属于数字信号。

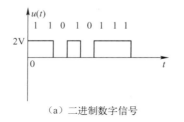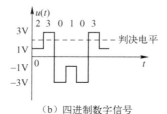

（a）二进制数字信号　　　　　　（b）四进制数字信号

图1-2　数字信号的波形

数字信号有一个很重要的特点是当波形受到干扰或出现失真时，可以利用其"有限取值"的特点进行取样判决，有可能完全恢复原来的波形。例如图1-2(b)的波形，代码"3"的电压值是3V，代码"2"的电压值是1V，两者的分界电压值（称为判决电平）是2V，只要大于2V的电压值，都会被认定为是3V，是代码"3"，而大于0V小于2V的电压值都会被判定为1V，是代码"1"。由此可见，数字信号有较大的抗干扰能力，本例中，只要干扰电压不超过1V，就有办法消除。

判断一个信号是数字信号还是模拟信号，关键看其信号幅度的取值是否离散，或者说能否通过"判决"的方式对信号进行处理。一般的电学信号大多是模拟信号，如电话、电视、传感信号等，人为处理或产生的信号则往往是数字信号，如计算机和仪器仪表产生的某些信号。实际上，我们要传输的信息既可以用模拟信号来承载，也可以由数字信号携带，模拟信号和数字信号在一定条件下可相互转换，并能确保所携带的信息不被丢失。模拟信号可以通过模数（A/D）转换变为数字信号，而相应的数字信号通过数模（D/A）转换又可以还原为模拟信号。

1.1.3　基带信号与频带信号

对电信号也可以进行频域的描述，即信号的能量在频率域中的分布。一个电信号在频域中会占有一定的频率范围，且不同的频率上能量的分布也不同，这种能量与频率的关系称为信号的频谱（Frequency Spectrum）。一般情况下可以用信号的中心频率和频带宽度来表征一个信号的频域特性。如果信号的中心频率较低，且信号的最低频率接近为 0（直流），这种信号称为基带信号，如图 1-3(a)；如果信号的中心频率较高，且最低频率也较高，这种信号称为频带信号，如图 1-3(b)。

（a）基带信号　　　　　　　　　　　（b）频带信号

图 1-3　信号频谱示意图

将信号划分为基带信号和频带信号主要是从传输的角度来考虑的，因为现有的传输介质具有不同的传输特性，有的可以直接传输含有直流的信号，而有的只能传输一定频率范围内的信号。

通常情况下，没有经过调制的信号都是基带信号。数字基带信号就是用不同电平代表数字符号的信号，它是没有经过调制的原始信号，其主要特点是频率低，甚至还包含直流分量。在传输距离不远的情况下，数字基带信号可以通过线缆直接传送。在信道上直接传送基带信号的方式称为基带传输。基带传输是一种最简单最基本的传输方式。

当信道具有带通特性时，基带信号中的一部分（或全部）频率成分不能被传送到接收端，因此必须通过一种转换，将基带信号转换成频带信号后再通过带通信道进行传输。这种转换在通信系统中由调制解调器（Modem）完成，转换后的频带信号其中心频率应与信道的中心频率相同，频谱范围应在信道的频带范围内。基带信号通过调制解调器在频带信道中传输的方式称为频带传输。远距离通信、无线电通信等都采用频带传输方式。

1.2　通信系统

1.2.1　信道

信道（Channel）是信号传递的通道，由两地之间有形或无形的介质构成。信道按传输介质可以分为两大类，一类是有线信道，如在两地之间铺设的有形的传输介质，常见的有双绞线、同轴电缆和光导纤维；另一类是无线信道，两地之间没有任何介质，只是利用电磁波在空间传播的特性进行信号的传输。

信道对信号传输的影响由信道传输特性所决定。信号在信道中传输时会出现能量的衰减，衰减的大小有的与频率有关，有的与时间有关，也有的既与时间有关也与频率有关，这些关系构成了信道的传输特性。无一例外的是，信号在信道中的衰减都与传输距离有关，距离越长，衰减越大。

不同介质的信道具有不同的传输特性。例如，双绞线信道中传输的信号频率超过100kHz时其衰减量就很大，光导纤维只能传送一些特定波长的光波，而无线信道对不同频率的电磁波呈现出不同的传播模式，如中波地表面传播、短波电离层反射传播、超短波直线传播等，因此传输特性的差异也很大。

无线信道的传输特性比有线信道复杂，一方面衰减量大，另一方面有多径传播的问题，而且也往往会随时间变化。特别是用于移动通信的信道，因为通信终端（如手机）处于移动状态，各种传输的参数也处于不断变化过程中，使得信号的传输较为复杂。

1.2.2 通信系统的基本组成

信息并不能自发地通过信道由一地传向另一地，它需要有一个通信系统来支持这种传输。通信系统一般由信源、发送设备、信道、接收设备和信宿5部分组成，如图1-4所示。

图1-4 通信系统的基本组成框图

信源是指产生信息的源头，在这里是指产生电信号的源头，它将各种形式的信息（如声音、光、热等）通过转换器（如话筒、摄像机、热敏电阻等）变换成原始电信号。在大多数情况下，这个原始电信号是基带信号。

发送设备将信源产生的信号变换为适于信道传输的信号。变换方式有很多种，要依据信道的特性进行选择，常见的变换方式有信道编码、放大和正弦调制等。经正弦调制后的信号就是频带信号。

信号进入信道后，除了会受到信道的衰减外，还不可避免地会受到各种干扰。在分析时往往把所有的干扰（包括内部噪声）折合到信道上统一用一个等效噪声源来表示。

接收设备的任务是将接收到的信号准确地恢复成原基带信号。接收设备在功能上有很多方面与发送设备有对应的关系。如果发送设备将信号进行了调制，则接收设备就必须对接收到的信号解调；如果发送设备对信号进行了信道编码处理，则接收设备就要对信号进行解码处理。

信宿的作用是将基带信号恢复成原始信号，信宿与信源也有对应的关系，如果信源是话筒，则信宿就是喇叭；如果信源是摄像机，则信宿通常是视频播放设备。

在通信系统中，信源与信宿统称为终端设备（Terminal Equipments），发送设备与接收设备统称为通信设备（Communication Equipments）。

图 1-4 所示的通信系统模型是对各种通信系统的概括，它反映了通信系统的共性。根据所研究的对象不同，会出现形式不同的具体的通信模型。例如，图 1-5 是一个对讲机通信系统的组成框图。

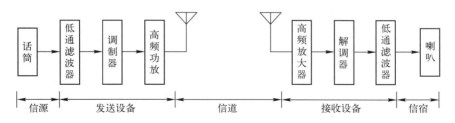

图 1-5 对讲机通信系统的组成框图

图 1-5 中，信源是一个话筒，它可将人的声音转换成电流，在发送设备中进行滤波、高频调制和功率放大后通过发送天线以电磁波的形式进入空中（信道），经过一段距离的电磁波传播后在接收天线中感应出高频小电流，通过接收设备的高频放大、解调、滤波最后加到喇叭（信宿）上，产生与话筒输入基本一样的声音。

1.2.3 数字通信系统

利用模拟信号作为载体而传递信息的通信方式称为模拟通信。模拟通信系统以追求信号波形的不失真传输为主要目标，在信号传输过程中未进行过数字化处理。在模拟通信系统中，不论信号的取值是连续的还是离散的，其值的大小都被认为是有意义的，因此都必须被正确地反映到系统的输出端。模拟通信系统主要用于传输模拟信号，但也可以用于低速的数字信号的传输。例如，一对对讲机既可以传送语音信号（模拟信号），也可以传送电报（数字信号）。电话系统原用于人的语音交流，是模拟通信系统，但如果在发送与接收终端加入调制解调器，则计算机数据就可以利用这个系统进行传输。

利用数字信号作为载体而传递信息的通信方式称为数字通信。数字通信系统以追求信号误码率最小为主要目标，利用数字信号的取值离散特点，在信号传输过程中进行了数字化处理。数字通信系统只能传送数字信号，如电报、计算机数据等。与模拟通信系统相比，数字通信系统并不过多地关心信号传输过程中波形有多大的失真，而是更多地关心数字信号的基本单元（码元）是否会出错，因此采取多种数字技术来解决信号传输过程中出现的问题，如状态的判决、编码、数字计算等。

一般的数字通信系统的模型如图 1-6 所示。

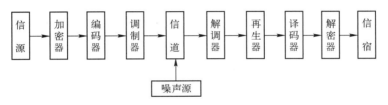

图 1-6 数字通信系统组成框图

数字通信系统在传输数字信号的过程中，还采用了多种数字技术。在数字通信系统中，信号是以码元为单位进行传输的，每个码元的电参数（如幅度、相位等）只有有限个状态，因此数字通信系统中有一个很重要的功能模块，这就是再生器。因为受信道传输特性、外部噪声等各种因素的影响，信号的波形在传输过程中难免会出现失真，但再生器内的判决电路可以对信号的状态进行判决，只要失真不严重，信号仍然可以完全恢复。

除此之外，数字通信系统还可以通过编码对信号进行差错控制、加密等处理。实际上，任何信息既可用模拟方式传输，也可用数字方式传输，如图 1-7 所示。当数字通信系统要被用于传送模拟信号时，必须对模拟信号进行数字化，即 A/D 转换。当模拟通信系统用于传送数字信号时，则必须对数字信号的频谱进行改变，以适应模拟通信系统的信道特性。

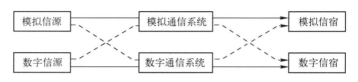

图 1-7　通信系统与所传送信号的对应关系示意图

1.2.4　数字数据通信系统

数据通信专指在计算机或其他数据终端之间发生的存储、处理、传输和交换数字化编码信息的通信。作为一种通信业务，数据通信为实现广义的远程信息处理提供服务。其典型应用有文件传输、电子信箱、语音信箱、可视图文、目录查询、信息检索、智能用户电报以及遥测、遥控等。

数据通信系统有两种类型，一种是模拟数据通信系统，另一种是数字数据通信系统。"数据"一词表明信息的类型，"数字"一词表明信息传递与处理的方式。数据信号可以用模拟的方式进行通信，也可以用数字的方式进行通信。计算机数据通过调制解调器的调制和解调在电话网中传输是数据信号的模拟传输，而在校园网中，计算机数据都是以数字方式传输的，相应的传输系统称为数字数据通信系统。

一个简单的从 A 地到 B 地的数据通信系统的构成如图 1-8 所示。从 A 点到 B 点的通信系统可以分为以下 7 个部分：

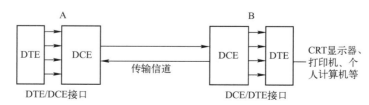

图 1-8　数据通信系统的构成示意图

（1）A 点的数据终端设备 DTE（Data Termind Equipment）；
（2）A 点的 DTE 与数据通信设备 DCE（Data Communication Equipment）之间的接口；

（3）A 点的 DCE；

（4）A 点与 B 点的数据传输通道；

（5）B 点的 DCE；

（6）B 点的 DTE 与数据通信设备 DCE 之间的接口；

（7）B 点的数据终端设备 DTE。

数据终端设备（DTE）是数据通信系统中的终端设备或终端系统，它是一个数据源、数据宿或两者兼而有之，常见的有微型计算机、打印机、传真机等。DTE 本身只具有短距离的数据传输能力，但它有较强的数据功能，包括与 DCE 的连接以实现数据的收和发、串行与并行的转换、数据线路的控制、与新连接的数据网相对应的网络功能以及为在两端的 DTE 之间进行数据连接所必需的其他各功能。DTE 可以是一台单独的设备，也可以由两台以上的设备组成。

数据通信设备（DCE）具有将数据以模拟或数字方式在通信网络中传输的功能。在发送端，DCE 接收来自于 DTE 的串行或并行数据，并将它转换成适合于信道传输特性的信号送入信道；在接收端，DCE 接收来自信道的信号并将其转换成串行或并行的数据流送给 DTE。DCE 的主要作用是实现信号的变换与编解码。它将来自 DTE 的信号进行变换使之变成适合信道传输的线路码，并通过编码使之具有抗干扰能力，在有些系统中 DCE 还要对信号进行调制，使信号能在具有带通特性的信道中传输；信号到达接收端后，接收端的 DCE 要对收到的信号进行相反的变换与解码。DCE 还有向 DTE 传送时钟信号的功能及其他功能。调制解调器（Modem）是一种 DCE，常用的调制方式是 FSK（Frequency Shift Keying，频移键控）、PSK（Phase Shift Keying，相移键控）或 QAM（Quadrature Amplitude Modulation，正交幅度调制）。

在物理结构上，DCE 可以是一台单独的设备，也可以与 DTE 合二为一，如传真机等。在计算机网络中，计算机就是一种 DTE，而 DCE 则可能是以网卡的形式安装在计算机的扩展槽中。

如果连接 DTE 和 DCE 的电缆及所使用的信号电平与标准的要求不同，就会使两者之间的连接出现困难。现有的 DTE /DCE 接口标准有多个，虽然它们的方案有所不同，但每个标准都提供了连接的机械、电气及功能参数。EIA（Electronic Industries Association，电子工业协会）的有关标准是 EIA—232、EIA—442 和 EIA—449，ITU—T（ITU，International Telecommunication Union，国际电信联盟）的相关标准有 V 系列和 X 系列。例如，调制解调器与 DTE 的接口标准采用的是 RS232C。

1.2.5　通信系统的主要性能指标

衡量一个系统性能优劣的主要指标是有效性和可靠性。通信系统用于传输信息，其有效性是指信息的传输速度，而可靠性是指信息传输的质量。模拟通信系统的有效性可用有效传输频带来度量，传送同样的信息占用信道的频带宽度越小，则说明系统的有效性越好。可靠性用系统输出的信号噪声功率比（简称信噪比）来度量，在相同的条件下，某一系统输出信噪比越高，则该系统通信质量越好。通常情况下，电话要求信噪比为 20 ~ 40dB，电视则要求 40dB 以上。

衡量数字通信系统的主要性能指标为信息传输速率和信息传输差错率。

（1）码元与比特

码元（Symbol）：携带信息的数字信号单元称做码元。它指的是数字信号的一个波形符号，可能是二进制的，也可能是多进制的。

比特（Bit）：信息的度量单位。一位二进制码元所携带的信息量即为 1 比特。例如，二进制数 10010110，八位二进制码元，其所携带的信息量为 8 比特。一个 M 进制的码元所携带的信息量是 $\log_2 M$ 比特。

（2）传输速率

传输速率是指在单位时间内通过信道的平均信息量，一般有两种表示方法。

比特速率：又称传信率、比特率、信息速率，指传输系统每秒传送的比特数。单位是比特/秒、bit/s，简记为 b/s、bps，用 f_b 表示。

码元速率：又称传信率、传码率、数码率、波形速率，指传输系统每秒传送的码元数，用 f_B 表示。码元速率的单位是波特（Baud），常用大写英文符号 B 表示。码元速率并没有限定是何种进制的码元，所以给出码元速率时，必须说明这个码元的进制。

对于 M 进制码元，其码元速率和比特速率的关系式为：$f_b = f_B \cdot \log_2 M$。显然，对二进制码元，$f_b = f_B$。

传信率（传码率）指标不能真正体现出信道的传输效率，因为传输速率越高，所占用的信道频带越宽，因此通常采用单位频带的传信率 η 来衡量信道的传输效率，即 $\eta =$ 信息速率/频带宽度，其单位为 bit/(s·Hz)。

（3）传输差错率

衡量数字通信系统可靠性的主要指标是误码率和误比特率。

误码率（码元差错率）：在传输的码元总数中错误接收的码元数所占的比例，用 P_e 表示。

$P_e =$ 发生误码个数 n/传输总码数 N

误比特率：又称误信率、比特差错率，指在传输的信息量总数中错误接收的比特数所占的比例，用 P_{eb} 表示。

$P_{eb} =$ 发生错误（丢失）的比特个数 n/总传输比特数 N

通信系统的有效性指标和可靠性指标是可以互补的，对于一个特定的通信系统，有时可以通过牺牲有效性指标来换取可靠性指标，反之亦然。

1.3　通信网络

传输系统用于解决两个点之间的通信问题，如果我们暂时对传输的中间过程不感兴趣的话，可以将点对点的传输系统看做是一个"通信链路"。现代通信要实现多个用户之间的相互连接，这种由多用户通信系统互连的通信体称之为通信网络（Communication Network）。通信网络以转接交换设备为核心，由通信链路将多个用户终端连接起来，在管理机构（包含各种通信与网络协议）的控制下实现网上各个用户之间的相互通信。

1.3.1 通信网的类型

（1）公用网与专用网

通信网按区域和运营方式分为公用网与专用网。公用通信网是向社会公众开放的通信网，主要包括公用电话网和公用数据网，专用通信网是指机关、企业自建或利用公用资源在逻辑上建立的仅供本部门内部使用的通信网，如校园网等。

（2）长途网与本地网

通信网按服务范围分为长途网与本地网。

（3）电话通信网与数据通信网

通信网按信息类型分为电话通信网与数据通信网。电话通信网包括公用电话交换网（PSTN，Public Switched Telephone Network）、公用陆地移动网（PLMN，Public Land Mobile Network）、专用电话网、IP（Internet Protocol）电话网。数据通信网包括基础数据网和 IP 数据网。

（4）业务网、传送网与支撑网

通信网按技术层次分为业务网、传送网与支撑网。

业务网是指向用户公众提供通信业务的网络，包括电话网、数据通信网等。传送网是指数字信息传送网络，包括 PDH（Plesiochronous Digital Hierarchy）传送网、SDH（Synchronous Digital Hierarchy）传送网和 WDM（Wavelength Division Multiplexing）传送网等。由传输线路和传输设备组成的传送网是数字通信基础网络。支撑网是指为业务网和传送网提供支撑的网络，保证通信网络的正常运行和通信业务的正常提供，包括 No. 7 信令网、数字同步网和电信管理网等。

1.3.2 通信网络拓扑结构

通信网的构成要素包括交换系统、传输系统、终端设备以及实现互连互通的信令协议，即一个完整的通信网包括硬件和软件。通信网的硬件一般由交换设备、传输设备、通信线路和终端设备组成，是构成通信网的物理实体。通信网络的拓扑结构就是指网络中通信线路和节点之间的几何排列形式，它与信息的交换方式有对应的关系。

目前较为常见的通信网络结构主要有网型网、星型网、总线网和环型网以及它们的复合型网。

（1）网型网

网型（Mesh）网也称为完全互联网，各个用户终端之间直接以通信链路连接，如图1-9所示，通信建立过程中不需要任何形式的转接。这种结构的最大优点是接续质量高，网路的稳定性好。但由于需要有很多的通信链路，网络投资费用很高，如果通信业务量不是很大则经济性很差。

（2）星型网

星型（Star）网中，各用户终端都通过转接中心进行连接，如图 1-10 所示。它具有如下特点：易于构造，故障隔离和检测容易，重新配置灵活。但缺点也是明显的：线路利用率低、需要电缆多，过度依赖中心节点（一般为 HUB（集线器）或交换机）。

实用的星型网可以是多层次的，这种结构有时也称为树型结构。

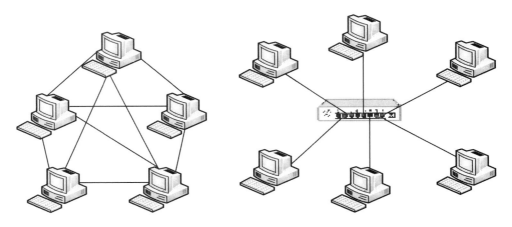

图 1-9　网型网拓扑结构示意图　　　　　图 1-10　星型网拓扑结构示意图

（3）环型网

环型（Ring）网的拓扑结构为一封闭环形，各结点通过 DCE（在这里起到中继器的作用）连入网内，如图 1-11 所示，各 DCE 间由点到点链路首尾连接，信息单向沿环路逐点传送，每个终端提取或插入自己的信息。环型网的特点是传输线路短，初始安装比较容易，故障的诊断比较准确，适于用光纤进行各终端的连接。但其可靠性较差，当一个单元出现故障时，整个系统就会瘫痪。环型网的可扩展性和灵活性也较其他网络差。

（4）总线型网

总线型（Bus）网采用公共总线作为传输介质，各结点都通过相应的硬件接口直接连向总线，信号沿介质进行广播式传送，如图 1-12 所示。由于总线结构共享无源总线，通信处理为分布式控制，每一个用户的入网结点都具有通信处理能力，能执行介质访问控制协议。总线型网的主要优点是安装容易，可靠性高，新增终端只要就近接入总线即可，但由于采用分布式控制，不易管理，故障诊断和隔离比较困难。

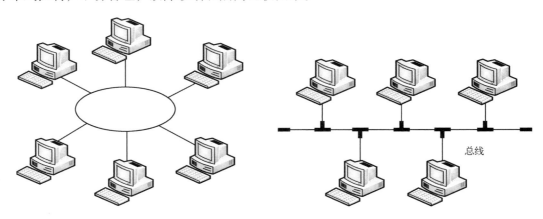

总线

图 1-11　环型网拓扑结构示意图　　　　　图 1-12　总线型网拓扑结构示意图

（5）复合型网

常见的复合网由星型网和网型网复合而成，它是以星型网为基础并在通信量较大的区间构成网型网结构。这种网路结构兼取了前述两种网路的优点，比较经济合理且有一定的可靠性，因此在一些大型的通信网络中应用较广。

环型网和总线型网在计算机通信网中应用较多，在这种网中一般传输的信息速率较高，它要求各节点或总线终端节点有较强的信息识别和处理能力。

不同类型通信网的主要性能比较如表 1-1 所示。

表 1-1　不同类型通信网的主要性能比较

通信网类型 项　目	网型网	星型网	环型网	总线型网	复合型网
经济性	差	好	好	较好	较好
稳定性	好	差	很差	较好	较好
扩展性	较好	好	差	很好	较好
对节点要求	高	高	较高	低	较高
L 与 N	$L = N(N-1)/2$	$L = N - 1$	$L = N$	$L = N + 1$	—

注：L 为链路数，N 为节点数

1.3.3　交换方式

交换技术的发展和整个通信网的发展是密切相关的。从电话交换一直到当今数据交换、综合业务数字交换，交换技术经历了人工交换到自动交换的过程。人们对可视电话、可视图文、图像通信和多媒体等宽带业务的需求，也大大地推动了宽带交换的不断进步和广泛应用。目前通信网中的交换方式主要有电路交换、分组交换和宽带交换。

（1）电路交换

电路交换（Circuit Switching）源于电话业务，它是在两个终端之间通过网络节点建立一条专用的物理连接线路，这些节点就是交换设备（如程控交换机）。两台电话通过公共电话网络的互联实现通话的过程就是使用电路交换。

电路交换一般分为三个阶段：首先是建立连接，即建立端到端的线路连接；其次是数据传送；最后是拆除连接。一旦连接建立，就像在两个终端之间有了一条固定的传输线路（当然，这里用到了至少两条通信链路），并且完全被通信双方所占用。电路交换的优点是实时性好，时延小，交换设备成本较低。但是它也有如下缺点：用于建立连接的呼叫时间长；通信带宽利用率低；无差错控制能力，可靠性低。因此电路交换比较适用于信息量大、长报文，经常使用于固定用户之间的通信。

举例来说，假设有 A、B 两个城市，每个城市各有一部交换机（E_a 和 E_b），并有 1000 个用户，E_a 和 E_b 之间用 100 条中继线连接着。若你在 A 处用电话机与 B 处的朋友（用 T_b 电话机）通话，就要建立一条 $T_a \rightarrow E_a \rightarrow E_b \rightarrow T_b$ 的线路。由于经济上的原因，E_a 和 E_b 之间的中继线路为所有用户所共享，并且数量总是大大少于用户线路，因为 1000 个用户不会同时打电话。当一条中继线路被占用后，即使不通话，其他用户也不能使用，因此用户必须按占用的时间支付电话费，这是电路交换最主要的缺点。在电话通信中，由于通话双方总是一方在说，一方在听，因此电路空闲时间大约占总通话时间的 50%。

（2）分组交换

分组交换技术（Packet Switching）主要支持数据业务。其基本思想为：数据分组、路由选择与存储转发。它是将用户传送的数据按一定的长度分组，并在每组数据的前面加上一个分组头，用以指明该分组的目的地址，然后由交换机根据每组数据的地址标志，将它们转发至目的地。

分组交换子网可分为面向连接（Connection-Oriented）和无连接（Connectionless）两类。前者要求建立称为虚电路（Virtual Circuit）的连接，一对主机之间一旦建立虚电路，分组即可按虚电路号传输，而不必给出每个分组的显式目标站点地址，在传输过程中也无须为之单独寻址，虚电路在关闭连接时撤销。后者不建立连接，称为数据报（Datagram）方式，这种方式下每个分组带有目标站点地址，在传输过程中需要为之单独寻址。

分组交换的特点主要有线路利用率高、信息传输可靠性高（采用差错校验与重发的功能）、计费只与数据量有关。缺点是有一定的延时。

进行分组交换的通信网称为分组交换网，一般由分组交换机、网络管理中心、远程集中器、分组装拆设备、分组终端/非分组终端和传输线路等基本设备组成。

（3）宽带交换

宽带交换综合了电路交换和分组交换的优势，支持高速和低速的实时业务，适合现代综合业务数字网的要求。宽带交换是新一代的电信业务技术，主要包括异步传输模式（ATM，Asynchronous Transfer Mode）交换、宽带 IP 交换和光交换。

ATM 交换是在分组交换基础上发展起来的。ATM 交换实际上是一种快速分组交换技术，它使用固定长度的信元作为传输单元，采用统计时分复用技术动态分配资源，具有优良的服务质量（QoS，Quality of Service）。所以 ATM 适用于高速数据交换业务。

1.4 通信技术的现状和发展

通信的历史可追溯到 17 世纪初期，从研究电、磁的现象开始，许多科学家对通信理论进行了长期的研究，直到 19 世纪 40 年代才进入实用阶段。表 1-2 列出了自 1838 年莫尔斯发明有线电报通信以来的一系列通信重大事件。

表 1-2 通信重大事件时间表

年　份	事　件
1838	莫尔斯发明有线电报通信
1864	麦克斯韦发表电磁场理论
1876	贝尔发明电话（利用电磁感应原理）
1887	赫兹做电磁辐射实验成功
1896	马可尼实现横贯大西洋的无线电通信
1906	非雷斯特发明真空三极管
1918	调幅无线电广播、超外差接收机问世
1925	多路通信和载波电话问世

续表

年　份	事　件
1936	英国广播公司开始进行商用电视广播
1938	发明 PCM（脉冲编码调制，Pulse Code Modulation）原理
1940—1945	雷达、微波通信线路研制成功
1948	出现了晶体管，仙农提出了信息论
1950	时分多路通信用于电话
1950—1960	第一个通信卫星发射，同时研制成功激光器
1962	开始了实用卫星通信的时代
1969	从月球发回第一个语音消息及电视图像
1960—1970	出现了电缆电视、激光通信、雷达、计算机网络和数字技术，光电处理技术等
1970—1980	大规模集成电路、商用卫星通信、程控数字交换机、光纤通信、微处理机等迅猛发展
1980—1990	超大规模集成电路、移动通信、光纤通信广泛应用，综合业务数字网崛起
1990—	卫星通信、移动通信、光纤通信进一步飞速发展，高清晰彩色数字电视技术不断成熟，全球定位系统（GPS，Global Positioning System）得到广泛应用

　　现在数字化、大容量、远距离、高效率、多信源以及保密性、可靠性、智能化等已成为现代通信系统的主要特点。电信网、广播电视网和互联网三网的融合已成为发展趋势。

　　光纤通信具有容量大、成本低等优点，且抗电磁干扰能力强，节约有色金属（铜）和能源。其发展极为迅速，新器件、新工艺、新技术不断涌现，性能日臻完善。大西洋、太平洋的海底光缆已经开通使用。我国近年来光纤通信也已得到了快速发展。光纤通信的主要发展方向是单模密集波分复用（DWDM，Dense Wavelength Division Multiplexing）光纤通信、大容量数字传输以及全光网络。

　　微波中继通信系统在国内外都是一种重要的通信手段，这种通信方式始于 20 世纪 60 年代，它具有易架设，建设周期短等优点。微波中继通信的主要发展方向是数字微波，同时要不断增加系统容量。我国现有多条微波中继通信干线，其中 60% 用于通信，40% 用于广播电视节目传送。

　　卫星通信是国际间的主要通信手段，目前它正向着国内通信、移动通信和直播电视等领域发展。它的特点是通信距离远，覆盖面积广，不受地理条件限制，且可以大容量传输，可靠性高等。卫星通信的广泛应用，使国际间重大活动能及时得以实况转播，它使全世界人与人之间的"距离"缩短。

　　无线通信中目前最引人注目的两个方向是 3G（3rd Generation，第 3 代数字通信）和 Wi-Fi-Wireless Fidelity /WiMax（Worldwide Interoperability for Microwave Access，全球微波互联接入）。相对于目前正在营运的第二代移动通信，3G 意味着可视通话、视频浏览、高速上网等除语音之外的众多数据业务。

　　下一代网络（NGN，Next Generation Network）以软交换为核心，能够提供语音、视频、数据等多媒体综合业务，采用开放、标准体系结构，能够提供更加丰富的业务。

　　通信终端也在向着综合化、智能化、数字化、个性化、多样化、多媒体化的方向发展。另外还有一些新型的现代通信系统正在发展，如抗干扰能力极强的扩频通信系统、分组无线、接入网技术等。

通信技术是一项综合技术，其发展有赖于其他技术的发展，例如，航天技术的发展催生了卫星通信，计算机技术的发展促进了软交换的实用化。同样，在通信技术领域内各种技术也是相互渗透，互补共赢。随着经济的发展和社会的进步，通信技术将成为现代社会人们相互联系必不可少的一项技术。人类通信的目标是任何人在任何地点和任何时间可向任意地方随时通信，随着通信技术的发展，这个目标将不再遥远。

本章小结

本章主要介绍了通信的基本知识，对通信系统建立了一个整体的概念。内容涵盖信息、信号的概念；通信系统的组成和分类；数字通信系统的组成和特点；通信系统的主要性能指标；通信的发展过程及发展趋势。

在人们的生活中，通信是必不可少的。一个通信系统应包括信源、发送设备、信道、接收设备和信宿五部分。具体到数字通信系统还需要信源编译码，加密解密，信道编译码等。

通信系统按传输媒介不同可分为有线通信和无线通信，按传输信号形式不同又可分为模拟通信和数字通信。模拟通信在信道中传输的是模拟信号，数字通信在信道中传输的是数字信号。目前从通信发展趋势看，通信将向着有线与无线相融合，并向数字通信方向发展。

无论是模拟通信，还是数字通信，其通信系统性能优劣的主要技术指标是通信的有效性和可靠性。其中，信息速率（比特率），码元速率（传码率）等是描述数字通信系统有效性的主要指标，而误码率是描述数字通信系统可靠性的主要参数指标。

模拟通信中，系统的传输质量用信噪比来表示，而数字通信中，系统的传输质量用误码率来表示。

思考题与习题

1.1　模拟信号与数字信号的主要区别是什么？

1.2　通信系统是如何分类的？

1.3　何谓数字通信？数字通信的优缺点是什么？

1.4　试画出数字通信系统的一般模型，并简要说明各部分的作用。

1.5　衡量通信系统的主要性能指标是什么？对于数字通信具体用什么来表述？

1.6　什么叫比特速率？什么叫码元速率？两者有什么不同？

1.7　某一数字信号的码元传输速率为 1200Baud，试问它采用四进制或二进制传输时，其信息传输速率各为多少？

1.8　设在 125μs 内传输 256 个二进制码元，计算信息传输速率为多少？若该信息在 5s 内有 6 个码元产生误码，试问其误码率为多少？

1.9　假设信道频带宽度为 1024kHz，可传输 2048Kbit/s 的比特率，其传输效率为多少？信道频带宽度为 2048kHz，其传输效率又为多少？

第2章
数字编码与解码

所有数字代码（数据）都有一定的格式，并且在各个通信层面上可能有不同的格式。例如，我们可以用一段文字表达一种想法，这段文字有规定的语法结构，也就是一种格式；这段文字可能通过计算机键盘输入到计算机中，它必须用计算机能接受的格式，如 ASCII（American Standard Code for Information Interchange）码；如果要将这段文字通过互联网上传，还必须用适合传输的数据格式，而且可能有好几种。各种数据的格式通常由协议所规定，但有时也仅仅由通信双方约定，如对数据的加密。数据格式的形成或转换通过数字编码与解码来实现。

数字编码有两种类型：第一类是信源编码，信源编码可定义为将信息或信号按一定的规则进行数字化的过程。自然界中的信号有两种形式，一种是数据，本身具有离散的特点，如文字、符号等，对这种信号可以用一组一定长度的二进制代码来表示，这种编码统称为信息码；另一种是连续信号，如语音、图像等，对这种信号的数字编码与解码过程，实际上就是模数转换（ADC，Analog to Digital Converter）和数模转换（DAC，Digital to Analog Converter），在通信中常用于语音编码的 ADC 有脉冲编码调制（PCM，Pulse Code Modulation）以及它们的各种改进型。第二类是信道编码，也称差错控制编码，它是为了让误码所产生的影响降至最低所进行的编码。下面就这两类编码的原理与方法做一些介绍。图 2-1 表明了数字编码与数字解码器在整个数字通信系统中所处的位置。

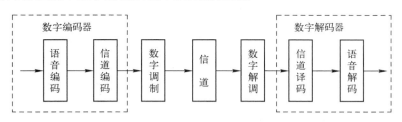

图 2-1　数字通信系统中的编码与解码示意图

2.1　信息码

文字与符号类的信息本身可称为数据，具有数字特性，一般用一个等长的码组表示，这种码组称为信息码。信息码的码组长度与符号的总数有关。设符号的总数为 N，码组的长度为 B，则有

$$B \geqslant \log_2 N$$

这里的 B 应是整数。从提高编码效率的角度出发，B 的取值应尽量地小，这样可以降低对通信系统的传输与处理能力的要求。例如，英文共有 26 个字母，对其进行二进制编码时，$B_{min} = \log_2 26 = 4.7$，因此可取 $B = 5$。

ASCII 码是最常用的信息码之一，它被大量地用于表示英文字母和各种符号。当在计算机键盘上敲一个键时，一组 ASCII 码就被发向计算机。ASCII 码是码组长度为 7 位的二进制码，它有 128 种组合，可以表示 128 个不同的字符。表 2-1 是字母及字符 ASCII 码对照表。尽管 ASCII 码是一种 7 位码，但实际上编码的每个字符用 8 位二进制数即一个字节（byte）进行存储和传输。在多数情况下，第 8 位码元作为校验码来检测错误。

表 2-1　字母及字符 ASCII 码对照表

A	1000001	Q	1010001	g	1100111	w	1110111	"	0100010
B	1000010	R	1010010	h	1101000	x	1111000	#	0100011
C	1000011	S	1010011	i	1101001	y	1111001	$	0100100
D	1000100	T	1010100	j	1101010	z	1111010	%	0100101
E	1000101	U	1010101	k	1101011	0	0110000	&	0100110
F	1000110	V	1010110	l	1101100	1	0110001	'	0100111
G	1000111	W	1010111	m	1101101	2	0110010	(	0101000
H	1001000	X	1011000	n	1101110	3	0110011	)	0101001
I	1001001	Y	1011001	o	1101111	4	0110100	*	0101010
J	1001010	Z	1011010	p	1110000	5	0110101	+	0101011
K	1001011	a	1100001	q	1110001	6	0110110	,	0101100
L	1001100	b	1100010	r	1110010	7	0110111	.	0101101
M	1001101	c	1100011	s	1110011	8	0111000	-	0101110
N	1001110	d	1100100	t	1110100	9	0111001	/	0101111
O	1001111	e	1100101	u	1110101	sp	0100000		
P	1010000	f	1100110	v	1110110	!	0100001		

除了 ASCII 码以外，通信中有时也会用到博多码（Baudot Code）、BCD（Binary Coded Decimal）码等，其码表可以在有关资料中查到。

2.2　模拟信源的数字编码

一般来说，来自自然界的信息主要是模拟信息，如语音、图像和各种测量信号。由于数字通信在信号的传输质量、信号的处理等方面具有模拟通信系统所不可比拟的优点，因此模拟信号的数字传输已成为现代通信的重要组成部分。例如，第一代移动电话的语音部分传输是模拟方式，而现在 GSM（Global System for Mobile Communications）系统和 CDMA（Code Division Multiple Access）系统则采用了全数字传输；固定电话系统中各交换机之间的信号传输也已全部数字化；有线电视目前通过采用机顶盒也实现了信号传输的数字化。

要实现模拟信号的数字传输，首先必须将模拟信号进行数字编码，也就是 A/D 转换。通信系统对 A/D 转换的要求大致有以下几个方面。

① 每路信号编码后的速率要低。在传码率一定的传输系统中，每一路信号的码元速率越低，意味着通信系统的利用率就越高，也就是可以传送更多路的信号；

② 量化噪声要小。量化噪声是在模拟信号数字化过程中由量化误差引起的噪声。在信号电平一定时，量化噪声越小，信号的质量就越高，解码后的信号就越接近原信号；

③ 要便于通信系统的多路复用。一个大的通信系统一般都要传输多路信号，这就是多路复用，数字化的信号应适合进行时分多路复用；

④ 编码与译码电路要简单。用于通信的 A/D 转换方式有多种，如脉冲编码调制（PCM）、差分脉冲编码调制（DPCM，Differential Pulse Code Modulation）、自适应差分脉冲编码调制（ADPCM，Adaptive Differential Pulse Code Modulation）等。上述这些编码方式都是根据信号的波形进行的编码，称为波形编码，是目前应用较多的编码方式；还有一种是根据信号的参量并在预测基础上进行的编码，称为参量编码，典型的例子是用于 GSM 移动通信系统中的线性预测编码（LPC），用于语音线性预测编码的电路称为声码器。

2.2.1　波形编码的基本原理

模拟信号从波形上看是时间上连续、状态（电压值）连续的信号，而数字信号则是时间上离散、状态离散且用数字代码表示的信号，模拟信源的数字编码需要通过取样、量化和编码三个步骤实现。

（1）取样

波形编码的第一个步骤是将时间上连续的模拟信号转换成时间上离散的模拟信号。这个过程可以通过对模拟信号的取样来实现。图 2-2 是取样电路原理及其工作波形。取样电路实际上是一个电子开关，取样脉冲是一个周期性的矩形脉冲。在取样脉冲高电平出现期间电子开关导通，输出模拟信号，其余时间电子开关关闭，输出零电平。这样，随着电子开关的周期性的导通与关闭，模拟信号被转换成了样值脉冲序列。这个样值脉冲序列也称为脉冲幅度调制（PAM，Pulse Amplitude Modulation）信号。

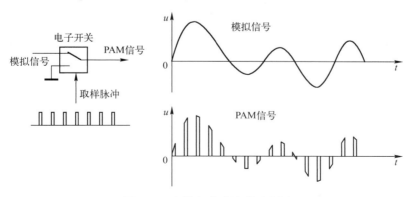

图 2-2　取样电路及波形示意图

取样脉冲的重复频率必须满足取样定理的要求，否则就无法将 PAM 信号恢复成原来的模拟信号。如果一个模拟信号的最高频率为 F_H，取样定理要求取样速率必须不小于 $2F_H$。$2F_H$ 称为奈奎斯特频率。

（2）量化

波形编码的第二个步骤是将信号的每一个取样值进行量化。量化是将每一个样值用有限个规定值替代的过程，这些规定的值称为量化电平。例如，设模拟信号的电压范围为 $-1.0V \sim +1.0V$，如果规定量化电平为 -1.0、$-0.9V$……$+0.9$、$+1.0V$，则当信号样值在 $+0.85 \sim +0.95V$ 范围内时，就用规定的量化电平（$+0.9V$）去代替。图2-3是对样值脉冲进行量化的示意图。

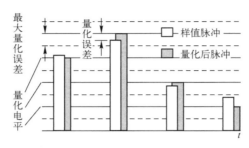

图2-3 量化及量化误差

由于样值脉冲与规定的量化电平有一个差值，样值脉冲一旦进行了量化，就被量化电平所取代，以后不管如何处理，只能恢复出量化电平，无法再精确地恢复到原来的值，这样量化前的信号脉冲与量化后的脉冲值之间出现了误差，这个误差称为量化误差，在通信中表现为一种加性噪声，所以也称为量化噪声。信号功率与量化噪声功率之比称为量化信噪比，它是衡量编码器性能优劣的重要指标之一。量化信噪比一般用分贝值表示，计算公式如下：

$$\frac{S}{N} = 10\lg \frac{信号功率}{量化噪声功率} \quad (dB) \tag{2-1}$$

（3）编码

波形编码的第三个步骤是用一组代码来表示每一个量化后的样值。量化以后每一个样值都被有限个量化电平代替，这些电平可以用一定长度的码组表示，这就是编码，如图2-4所示。通常波形编码过程中量化与编码同时进行。

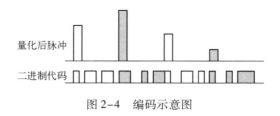

量化后脉冲

二进制代码

图2-4 编码示意图

2.2.2 脉冲编码调制

脉冲编码调制（PCM）是一种在通信领域用得较为普遍的波形编码方式，相应的标准是 CCITT G.711。在电信系统中，各交换机之间的数字语音信号均以 PCM 进行编码。语音的频率范围在几十赫兹至十几千赫兹的范围内，但如果仅仅为了让对方能听清所讲的内容而不是用于高保真的欣赏，应不需要将所有频率的语音信号都传送。语音信号的频率范围被限制在 300Hz ~ 3400Hz 内，根据取样定理，它的最低取样频率应为 $2 \times 3400Hz = 6800Hz$，CCITT 建议的取样频率为 8kHz。每一个样值用 8 位的二进制代码表示，因此每一路语音信号的编码率为 $8kHz \times 8 = 64Kbps$。

（1）非均匀量化与 A 律压扩特性

为了保证语音信号经过数字化编码及解码之后有一个可令人接受的清晰度，平均量化信噪比应达到 26dB。根据对语音信号的统计与计算，如果将整个语音信号电压范围均匀地分成 2^{11} 个量化电平（称为均匀量化），量化信噪比可以达到 26dB。因此，均匀量化时每一个量化电平需要用 11 位二进制码组表示。

通信系统要求 A/D 转换后的码元速率（编码率）尽可能地低。在这里，编码率 = 取样频率 × 码组长度。在取样频率已确定时，减小码组长度可以降低编码率。采用非均匀量化可以做到在满足量化信噪比要求的前提下减小码组的长度。

如果相邻两个量化电平差为 δ，则最大量化误差为 0.5δ。均匀量化时任意两个相邻的量化电平差是恒定的，与信号取样值的大小无关。因此当信号取样值较大时量化信噪比可能远远超过 26dB，这没有必要。如果保持小信号时的量化电平差（或略有减小），允许大信号时的量化电平差增加，就可以使量化电平数减少，进而降低编码率。由于语音信号在大多数情况下为小信号，只要选择合适的量化电平差的变化规律，就可以使平均量化信噪比基本保持不变。

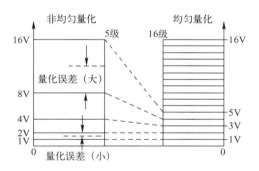

图 2-5　均匀量化非均匀量化的量化误差与量化电平数的比较

图 2-5 是均匀量化与非均匀量化的量化误差与量化电平对照示意图。假定信号的电平范围为 0 ~ 16V，均匀量化时，量化电平差为 1V，则共有 16 个量化电平，每一个量化电平需要用 $\log_2 16 = 4$ 个二进制代码表示，最大量化误差为 0.5V。当信号为 1V 时量化信噪比为 4（6dB），当信号为 8V 时量化信噪比为 256（24dB）；非均匀量化时，量化电平差随信号大小而变化，分别为 1V（0 ~ 1V）、1V（1 ~ 2V）、2V（2 ~ 4V）、4V（4 ~ 8V）和 8V（8 ~ 16V），最大量化误差也随之发生变化，当信号为 1V 时，最大量化误差为 0.5V，量化信噪比为 4（6dB），当信号为 8V 时，最大量化误差为 4V，量化信噪比仍为 4（6dB），可见非均匀量化使大信号的量化信噪比下降，但由于只有 5 个量化电平，只需 3 位二进制代码就可以表示每一个量化电平，编码率低于均匀量化。

图 2-5 中的虚线表示了非均匀量化与均匀量化的量化电平的对应关系，可以将这种关

系用如图 2-6 的曲线表示。图中，Y 轴代表均匀量化的量化电平，X 轴代表非均匀量化的量化电平，得到的是一条非线性曲线，它反映了量化的非均匀程度。如果对 X 轴的信号进行不等比例的压缩，如将 8～16V 压缩到 4～5V，将 4～8V 压缩到 3～4V，……，就可得到一条线性的直线，因此这条曲线也称为压缩特性曲线。

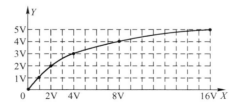

图 2-6   压缩特性曲线

图 2-7 是采用非均匀量化的 PCM 系统框图。输入的 PAM 信号首先经过压缩器，大信号有较大的压缩，小信号有较小的压缩，然后进行均匀量化、编码、传输……。在接收端，解码后的波形与发送端压缩后的波形是相同的，并不是原来的 PAM 信号，因此要有一个扩张器进行扩张。扩张特性与压缩特性是严格对称的，对大信号有较大的扩张，对小信号有较小的扩张。最终得到的重建信号与原来的 PAM 信号相似，两者之间相差一个量化误差。压缩特性与扩张特性统称为压扩特性。

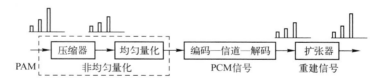

图 2-7   非均匀量化的实现示意图

CCITT G.711 对 PCM 的压扩特性有两种建议，分别称为 A 压扩律和 μ 压扩律。我国采用的是 A 压扩律。A 压扩律的数字表达式如下：

$$y = \begin{cases} \dfrac{Ax}{1+\ln A} & 0 \leqslant x \leqslant \dfrac{1}{A} \\ \dfrac{1+\ln Ax}{1+\ln A} & \dfrac{1}{A} \leqslant x \leqslant 1 \end{cases} \tag{2-2}$$

这里，x 为压缩器的归一化输入值[①]，y 为压缩器的归一化输出值，A 为常数。当 $A=0$ 时，无压缩效果，通常取 $A=87.6$。

（2）13 折线 A 律压扩特性

从图 2-7 中可以看到，压缩 + 均匀量化 = 非均匀量化。实际应用时，利用数字电路的特点，用折线来逼近压扩特性，压缩在量化过程中实现。

设在直角坐标系中 X 轴与 Y 轴分别表示压缩器的输入信号与输出信号的取值域，并假定输入信号与输出信号的最大范围是 $-E \sim +E$。将 X 轴的信号正向取值区间（0，$+E$）不

---

① 归一化是信号与该信号的最大值之比，即 $x = \dfrac{u_i}{\max(u_i)}$。

均匀地分为 8 段，各段的起始电平如图 2-8 所示，前面一段的起始电平是后一段的½。然后将每一段均匀地分为 16 个量化级，这样，在 $0 \sim +E$ 范围内共有 $8 \times 16 = 128$ 个量化级，各段之间量化电平差是不相同的，而同一段内各量化级的量化电平差是相同的。第 8 段的量化电平差最大，$\xi_8 = \dfrac{E}{2} \div 16 = \dfrac{E}{32}$，第 1、2 段的量化电平差最小，$\xi_{1,2} = \dfrac{E}{128} \div 16 = \dfrac{E}{2048}$，设 $\Delta = E/2048$，则 X 轴上各量化电平值如表 2-2 所示。

表 2-2　各段起始电平与量化电平差（基本单位 Δ）

段　落	1	2	3	4	5	6	7	8
起始电平	0	16	32	64	128	256	512	1024
量化电平	0、1、2、…15	16、17、…31	32、34、…62	64、68、…124	128、136、…248	256、272、…496	512、544、…992	1024、1088…1984
量化电平差	1	1	2	4	8	16	32	64

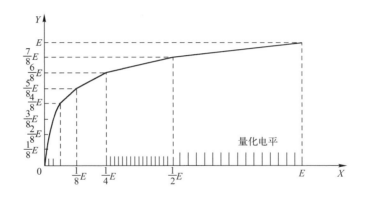

图 2-8　13 折线 A 律压扩特性曲线

把 Y 轴的信号取值区间均匀地分为 8 段，每段再均匀地分为 16 等份，这样也得到了均匀的 128 个量化级。如果将 X 轴上各段的起始电平作为横坐标，将 Y 轴上对应段的起始电平作为纵坐标，则可在坐标系的第一象限上得到 9 个点（包括第 8 段终点）。将两个相邻的点用直线连接起来，得到 8 条折线。实际上第一、二条折线的斜率是相同的，再考虑到 $(-E, 0)$ 区间，总共可得到 13 条折线。由这 13 条折线构成的压扩特性具有如式（2-2）所表示的 A 律压扩特性，故称为 13 折线 A 律压扩特性。

13 折线 A 压扩律 PCM 编码器是我国规定采用的一种 PCM 编码器，常用的编解码集成电路有 Intel 公司的 12911A、2913、Motorola 公司的 MC145557、MC145567 等型号。

（3）编码码型

采用 13 折线 A 律压扩特性的 PCM 编码，每一个样值脉冲用 8 位二进制代码表示。8 位二进制码共有 256 种组合，分别代表 256 个量化电平。采用的码型是折叠二进码，信号电平与码组的对应关系如表 2-3 所示。

表 2-3　PCM 码型

量化电平	电平范围	码组 $P_1P_2P_3P_4$ $P_5P_6P_7P_8$	量化电平	电平范围	码组 $P_1P_2P_3P_4$ $P_5P_6P_7P_8$	量化电平	电平范围	码组 $P_1P_2P_3P_4$ $P_5P_6P_7P_8$	量化电平	电平范围	码组 $P_1P_2P_3P_4$ $P_5P_6P_7P_8$
	2048		96	512	11100000	64	128	11000000	32	32	10100000
127	1984	11111111	95	496	11011111	63	124	10111111	31	31	10011111
126	1920	11111110	94	480	11011110	62	120	10111110	30	30	10011110
125	1856	11111101	93	464	11011101	61	116	10111101	29	29	10011101
124	1792	11111100	92	448	11011100	60	112	10111100	28	28	10011100
123	1728	11111011	91	432	11011011	59	108	10111011	27	27	10011011
122	1664	11111010	90	416	11011010	58	104	10111010	26	26	10011010
121	1600	11111001	89	400	11011001	57	100	10111001	25	25	10011001
120	1536	11111000	88	384	11011000	56	96	10111000	24	24	10011000
119	1472	11110111	87	368	11010111	55	92	10110111	23	23	10010111
118	1408	11110110	86	352	11010110	54	88	10110110	22	22	10010110
117	1344	11110101	85	336	11010101	53	84	10110101	21	21	10010101
116	1280	11110100	84	320	11010100	52	80	10110100	20	20	10010100
115	1216	11110011	83	304	11010011	51	76	10110011	19	19	10010011
114	1152	11110010	82	288	11010010	50	72	10110010	18	18	10010010
113	1088	11110001	81	272	11010001	49	68	10110001	17	17	10010001
112	1024	11110000	80	256	11010000	48	64	10110000	16	16	10010000
111	992	11101111	79	248	11001111	47	62	10101111	15	15	10001111
110	960	11101110	78	240	11001110	46	60	10101110	14	14	10001110
109	928	11101101	77	232	11001101	45	58	10101101	13	13	10001101
108	896	11101100	76	224	11001100	44	56	10101100	12	12	10001100
107	864	11101011	75	216	11001011	43	54	10101011	11	11	10001011
106	832	11101010	74	208	11001010	42	52	10101010	10	10	10001010
105	800	11101001	73	200	11001001	41	50	10101001	9	9	10001001
104	768	11101000	72	192	11001000	40	48	10101000	8	8	10001000
103	736	11100111	71	184	11000111	39	46	10100111	7	7	10000111
102	704	11100110	70	176	11000110	38	44	10100110	6	6	1000110
101	672	11100101	69	168	11000101	37	42	10100101	5	5	10000101
100	640	11100100	68	160	11000100	36	40	10100100	4	4	10000100
99	608	11100011	67	152	11000011	35	38	10100011	3	3	10000011
98	576	11100010	66	144	11000010	34	36	10100010	2	2	10000010
97	544	11100001	65	136	11000001	33	34	10100001	1	1	10000001
									0	0	10000000

表 2-3 中每一个码组中的第一位码 P_1 代表极性，其余七位码 $P_2 \sim P_8$ 代表幅度。表中所列的信号电平在 0～2048 范围内，因此 P_1 均为 "1"。如果信号电平在 0～-2048 范围内，则 P_1 均为 "0"。采用折叠码的好处在于无论信号电平是正或负，当第一位码（极性码）确定后，其余后面七位码的编码方式是相同的，因此可以简化编码器。

除了第一位码以外，后面七位码是按自然码规律编排的。这种码型有利于采用"逐次反馈比较"编码方法。

表 2-3 中与量化级对应的码组表示相应的信号电平范围。例如，当信号取样值在 +496～+512 范围内，量化电平序号为 95，码组为 11011111；如果信号取样值在 -108～-104 范围内，量化电平序号应为 -58，码组为 00111010。

（4）编码过程

图 2-9 是逐次反馈比较型编码器的组成框图，它由取样器、整流电路、保持电路、比较器和本地译码器等组成。

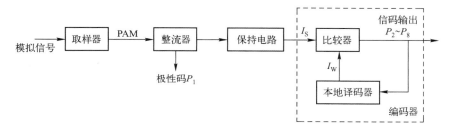

图 2-9　逐次反馈比较型 PCM 编码器方框图

设信号波形如图 2-10（a）所示，当该信号通过一个电子开关电路（取样门电路）时，受取样脉冲控制，可以得到如图 2-10（c）所示的 PAM 波形。由于在取样门电路开启时间内信号的幅度在变化，因此要求取样时间尽量短，也就是取样脉冲要很窄。如果是对单路语音信号进行取样，取样频率为 8000Hz，取样脉冲的间隔为 125μs。

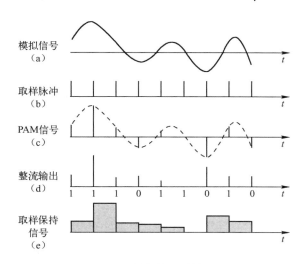

图 2-10　取样保持电路输出波形

由于 PCM 编码采用折叠码，因此只要确定取样脉冲的极性，其余编码实际上只对脉冲的幅度进行转换，因此电路中设置了一个整流电路，该电路将负极性的取样脉冲转换成正极性的脉冲，同时输出一位标志该脉冲极性的码（P_1 码），如图 2-10（d）所示。

为了使量化编码器有足够的时间进行编码，取样以后的信号要通过保持电路进行保持，如图 2-10（e），这样每个脉冲的宽度可达到 $125\mu s$。

比较器和本地译码器构成了编码电路，按顺序通过逐次比较完成对 $P_2 \sim P_8$ 的编码。

从表 2-3 中可以看到，如果信号的幅度大于 128，$P_2 = 1$，小于 128，$P_2 = 0$；当 $P_2 = 1$ 时，如果信号幅度大于 512，$P_3 = 1$，小于 512，$P_3 = 0$……以此类推，可以画出编码流程图，如图 2-11 所示。图中，圆内的数字是本地译码器输出的比较电平，直线指明在比较结果确定后（信号大于比较电平为 1，小于比较电平为 0）下一个比较电平的取值路径。本地译码器只要根据前面若干位的码就可按程序确定比较电平，经比较确定下一位码，直到编完全部七位码为止。

[例 2-1] 设一脉冲编码调制器的最大输入信号范围为 $-2048 \sim +2048mV$，试对一电平为 $+1216mV$ 的取样脉冲进行编码。

解：设取样脉冲电平为 I_S，且 $I_S = +1270mV$。

$\because I_S > 0$，$\therefore P_1 = 1$；

$\because I_S > 128mV$，$\therefore P_2 = 1$；

$\because I_S > 512mV$，$\therefore P_3 = 1$；

$\because I_S > 1024mV$，$\therefore P_4 = 1$；

$\because I_S < 1536mV$，$\therefore P_5 = 0$；

$\because I_S < 1280mV$，$\therefore P_6 = 0$；

$\because I_S > 1152mV$，$\therefore P_7 = 1$；

$\because I_S > 1216mV$，$\therefore P_8 = 1$；

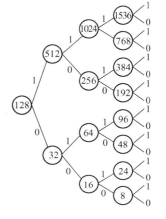

图 2-11 编码流程图

因此，编码器的输出为 11110011。编码过程如图 2-12 所示，其中，两个阴影块分别表示样值为 1270mV 和 881mV 的取样脉冲，粗线波形表示本地译码器的输出波形，最左边的波形为编码器输出波形。

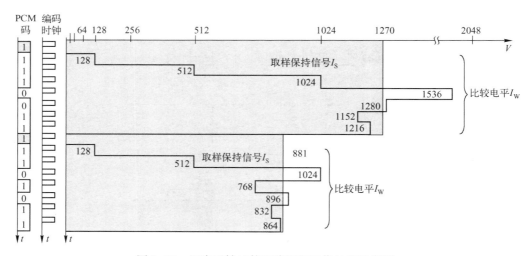

图 2-12 逐次反馈比较型编码器工作过程示意图

（5）PCM 译码

　　从前面的例题可知，本地译码器在确定 P_8 时输出的比较电平（1216mV）已经接近信号的取样值，它是根据 $P_2 \sim P_7$ 的结果而得到的，对于编码器来说，编完就可以结束一个取样脉冲的编码，本地译码器的输出回到128mV，准备下一个取样脉冲的编码。而 $P_8 = 1$ 说明信号取样值在 1280mV 和 1216mV 之间，因此可以设想，在 PCM 解调器内也采用与本地译码器类似的电路，并且译码器在收到 $P_8 = 1$ 后将输出增加半个量化电平差（32mV），这样可使译码输出与原信号取样值的差别减小到 ± 32mV 范围内。在上例中，译码器的最终输出为 $1216 + 32 = 1248 \text{mV}$，量化误差为 $1270 - 1248 = 22$（mV）。

　　图 2-13 是 PCM 解调器的原理框图。图中，极性控制器从 8 位二进制码组中取出 P_1（极性码）去控制极性转换电路。译码电路在写入脉冲（与码元周期相同的时钟脉冲）的作用下依次将后七位码元输入进行译码，当第七位码元进入译码器后在控制脉冲的作用下将译码结果输出。控制脉冲由帧同步电路产生，它与编码器取样脉冲的周期相同，都是 125μs。当 $P_1 = 1$ 时，放大器同相放大，输出正脉冲；$P_1 = 0$ 时则反相放大，输出负脉冲。译码输出信号经过同相或反相放大后变成 PAM 信号，由低通滤波器滤除高频分量后即得到恢复的模拟信号。

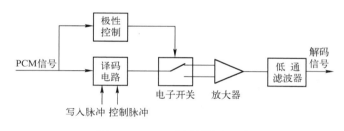

图 2-13　PCM 译码器原理图

2.2.3　增量调制

　　增量调制（ΔM）用一位二进制代码表示相邻两个取样脉冲的电平高低。图 2-14 是一个增量调制器和解调器的组成框图。图中，调制器中的极性转换电路和积分器称为本地译码器，解调器与调制器中的本地译码器电路基本相同，只是多了一个低通滤波器。

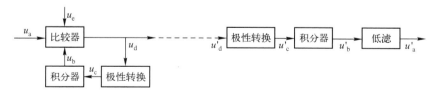

图 2-14　简单增量调制器原理框图

　　图 2-15 是增量调制的原理波形示意图。设 a、b、…、e 点分别是输入信号 u_a 在取样时刻 t_1、t_2、…、t_5 的取样值，a' 是积分器输出 u_b 在 t_2 时刻的值，且它与 a 点电压相同，代表 u_a 在 t_1 时刻的取样值。比较器用于将输入信号 u_a 和积分器输出 u_b 进行比较。在 t_2 时刻（很短一段时间），b 点电压高于 a' 点电压，比较器输出 u_d 为高电平，代表信码 1。t_2 时刻结束后，

比较器输出零电平。极性转换电路将 u_d 的窄脉冲转换成双极性 NRZ 波形 u_c，且幅度远大于信号的电平范围。积分器对 u_c 进行积分，其输出线性增加，经过一段时间 T 后（在 t_3 时刻），积分器增加了一个固定的增量 σ，达到 b' 点的电压。b' 点的电压被近似地看做是 b 点的电压，两者的误差为 $\delta = \sigma - \Delta u_a$，这就是量化误差。

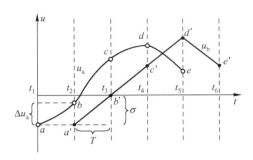

图 2-15　增量调制原理

当积分器的输出信号大于输入信号时（如 t_5 时刻），比较器输出零电平，代表信码"0"，极性转换电路将这个信码转换成从 t_5 到 t_6 时间内的负电平，积分器在这段时间内的输出下降一个增量 σ。

由此可见，用积分器现时刻的输出替代输入信号前一取样时刻的样值，可以使积分器输出一直紧跟输入信号的变化，如图 2-16 所示。从图中可以看到，当信号上升的斜率小于积分器输出的上升斜率时，$|\delta| \leqslant \sigma$。

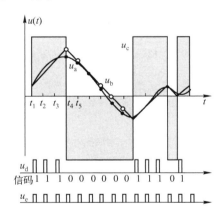

图 2-16　增量调制器各点工作波形图

如果积分器的输出跟不上信号的变化，这时就会出现信号与积分器输出相差很大的情况，量化误差不能被控制到足够小的范围，这种现象称为**过载失真**。

对于实际的信号（如语音信号），其频率和幅度都是在变化的，最大斜率发生在频率最高同时幅度又很大的情况。为此，如果对信号进行积分，积分后信号的斜率就可以不受信号频率的影响。取 σ 小于信号的最大幅度，就可保证不出现过载失真。但这种方法必须在译码器中加一个微分电路，使其恢复原信号。这种先积分、编码，然后再译码、微分的增量调制称为**增量总和调制**。图 2-17（a）是增量总和调制系统框图，图中译码器中的积分器与微分器可以相互抵消，而编码器中的两个积分器可以合并成一个，置于比较器之后，如

图 2-17（b）所示。

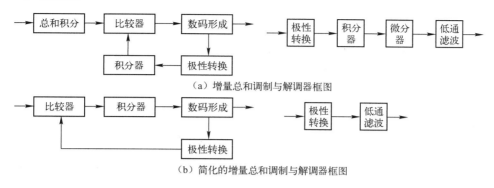

（a）增量总和调制与解调器框图

（b）简化的增量总和调制与解调器框图

图 2-17　增量总和调制

2.2.4　自适应差分脉冲编码调制

PCM 采用的是绝对的编码方式，每一组码表示的是取样信号的值，换句话说，只要得到一组代码，就可以知道一个取样脉冲的值。但实际上，语音信号的相邻取样值之间有一定的相关性，也就是说，后一个取样脉冲与前一个取样脉冲，甚至更前面若干个取样脉冲的值不会相差太大。这样，如果根据前些时刻所编的码（或码组）进行分析计算，预测出当前时刻的取样值，并将其与实际取样值进行比较，将差值进行编码，就可以用较少的码对每一个样值编码，因此降低编码率，这就是自适应差分脉冲编码调制（ADPCM）的基本原理。

实际的 ADPCM 编码一般是先对信号进行 PCM 编码，然后按一定的算法在数字信号处理器（DSP）内进行运算，得到 ADPCM 信号。图 2-18 是一个 ADPCM 编解码器的组成框图。

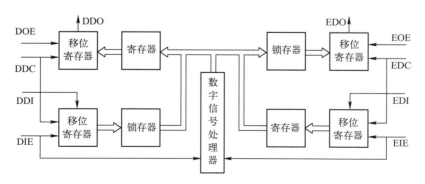

图 2-18　ADPCM 编解码组成框图

整个电路实质上是一个数字信号处理系统，由中心电路数字信号处理器及外围电路（如输入、输出锁存器；输入输出寄存器和输入输出移位寄存器等）组成。从 EDI 端串行输入的 PCM 信号由输入移位寄存器变为并行后送入寄存器，数字信号处理器在适当的时间从寄存器中取出 PCM 码，根据一定算法将其转换为 ADPCM 码，送到输出锁存器，最后由输出移位寄存器从 EDO 串行输出。同样，需要变换的 ADPCM 信号从 DDI 端串行输入，经输入移位寄存器变为并行信号送至锁存器，数字信号处理器从锁存器取出数据，按一定算法恢复出 PCM 信号送入输出寄存器，最后由输出移位寄存器变为串行信号从 DDO 输出，从而实现 PCM – ADPCM 间的转换。

2.3　差错控制编码

差错控制编码也称为检错与纠错编码。由于数字通信系统中存在着码间串扰和各种干扰，数字信号在传输过程中必然会产生误码。以一个传码率为 1200bps 的二进制通信系统为例，如果信号在信道中受到时间长度为 0.01s 的电脉冲干扰，就会有 12 个码元受到影响。这种连续多个码元受到干扰的现象称为突发性误码，实际上，通信中更常见的是单比特误码或多比特误码，统称为随机误码，如图 2-19 所示。

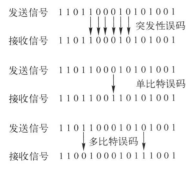

图 2-19　误码的类型

信号出现误码的原因是传输过程中信号的波形发生了变化，以致接收端不能正确判断。信号波形发生变化的原因有两种，一种是受信道传输特性的影响，如码间串扰，另一种是通信系统外部的干扰和噪声。由信道传输特性引起的码间串扰可以采用均衡的方法加以消除，而由于干扰引起的误码则除了从选择合理的调制、解调方式以及发送功率等方面考虑加以控制之外，还通常采用以下两种方式对信号进行处理，以保证信息的正确传递。

① 前向纠错（FEC，Forward Error Correction）。由发送端对信号进行编码使这具有一定的规律，接收端按照这个规律进行检测，确定错码所在的位置，自动进行纠正。

② 自动重发请求（ARQ，Automatic Repeat reQuest）。接收端检测到信号中有错码，但不能确定其位置，通过反向信道通知发送端重发。

也有的通信系统采用两者混合的方式，即对少量的接收差错进行自动纠正，对超过纠正能力的差错则向发送端请求重发。无论采用哪一种方式，都需要在发送端对信号进行差错控制编码，使发送的信号具有某一种规律，以便接收端在收到信号后核对是否遵循了这一规律，以判断是否传输出现错误。当然，在接收端需要进行相应的解码（检错与纠错），以恢复正确的信号。这里介绍几种通过对信号的编码来检测或纠正误码的方法。

2.3.1　奇偶校验编码

发信端将二进制信息码序列分成长度（码元个数）相等的码组，并在每一码组之后添加一位二进制码元，该码元称为监督码。监督码取"1"还是"0"，要根据信息码组中 1 的个数而定。例如，对于奇校验法，要求每一码组（包括监督码）中 1 的个数为奇数，因此当信息码组中"1"的个数是奇数时，监督码取"0"，否则取"1"。而对于偶校验法，要求每组添加的监督码能使该码组的"1"的个数是偶数。接收机中的计数器对收到的码组进行检验，若发信端采用奇校验法而接收端判定码组中"1"的个数为偶数，即认为该码组中有误码。采用奇偶校验检错编码，可以检出每个码组的奇数个误码，若码组中出现偶数个误码则不能检出。

2.3.2　二维奇偶校验编码

二维奇偶校验编码采用二维奇偶监督码，二维奇偶监督码又称方阵码，它将要传送的信息码按一定的长度分组，每一组码后面加一位监督码，然后在若干码组结束后再加一组与信息码组加监督位等长的监督码组。以英文单词"code"为例，其 ASCII 码组如表 2-4。表中，最右边一列数码是每一个 ASCII 码组的监督码，采用奇校验，即每一行中（包括监督位）"1"的个数为奇数，将每一行的 8 位码进行模 2 相加后结果为"1"，这个结果可作为行校验码；最下一行为监督码组，也是奇校验，每一列中（包括监督码组中对应的位）"1"的个数为奇数，将每一列的 5 位码进行模 2 相加后结果也为"1"，这个结果用做列校验码。

在接收端，误码检测器将接收到的码组排列矩阵，逐行逐列进行校验。正常情况下，每行每列的校验码均为"1"。如果发生误码，以表中阴影位为例，"0"码在传输过程中变为"1"码，则第三行的校验码和第三列的校验码都会变成"0"，检测器可以知道误码的位置并纠正这个误码。

表 2-4　二维奇偶校验码示例

c	1	1	0	0	0	1	1	1
o	1	1	0	1	1	1	1	1
d	1	1	0	0	1	0	0	0
e	1	1	0	0	1	0	1	1
监督码组	1	1	1	0	0	1	0	0

二维奇偶监督码可以检测出整个码矩阵中的奇数个误码，还有可能检测出偶数个误码。因为每行的监督位虽然不能用于检测本行中的偶数个误码，但按列的方向有可能由监督码组检测出来。一些试验测量表明，这种校验码可使误码率降至原来的 1‰~1%。

2.3.3　恒比码

在恒比码中，每个码组均含有相同数目的"1"（和"0"）。由于"1"的数目与"0"的数目保持恒定，故得此名。这种码在检测时，只要计算接收码组中"1"的数目是否对，就知道有无错误。

邮电系统用电传机传输汉字电码时，每个汉字用 4 位阿拉伯数字表示，而每个阿拉伯数字又用 5 位二进制符号表示，即每个码组的长度为 5，其中有 3 个"1"。这时可能编成的不同码组数目等于从 5 中取 3 的组合数 5!/(3! × 2!) = 10。这 10 种许用码组恰好可用来表示 10 位阿拉伯数字的电码，因为长度为 5 的码组共有 32 种，其余的 22 种称为禁用码组；许用码组如果出现奇数个错误就会变成禁用码组，很容易识别；当出现偶数个错码时，若是一个"1"变为"0"同时一个"0"变为"1"（或两个"1"就为"0"同时两个"0"变为"1"）则不能被检测出来，其他情况下都可能被检测出来。

在国际无线电报通信中，目前广泛采用的是"7中取3"恒比码，这种码组中规定总是有3个"1"，因此共有35种许用码组，它们可用来代表26个英文字母和符号。

恒比码的主要优点是简单和适于用来传输电传机或其他键盘设备产生的字母和符号。对从信源来的二进制随机序列，这种码就不适用了。

信号的传输采用了差错控制编码后可靠性可以提高，但由于在信码中增加了不带有信息的码元，开销增加，系统的有效性就会下降。以上介绍的是几种常用的并且较简单的差错控制编码方法，实际上差错控制编码还有很多种形式，如BCH码等，编码方式更为复杂，但检错与纠错能力也更强。这些编码方式在信道的干扰较小时对于随机发生的误码有较好的检测和纠正能力，但当信道中出现突发性差错码（即连续多比特的误码）时检测与纠正能力都会下降。为了检测与纠正突发性差错码，有些通信系统会在差错控制编码之前对信码进行交织编码。

2.3.4　交织编码

处理突发差错的一个有效的办法是对编码数据实行交织，把短时间内集中出现的错码分散，使之成为随机误码，再用差错控制编译码器对随机误码进行检测与纠正，这样可以用前面所介绍的各种抗干扰编码就会产生最佳效果。

采用交织技术的系统框图如图2-20所示，编码数据经交织器重新排序后在信道上传输。在接收端解调后，去交织器将数据复原到正确的顺序后送入译码器。图2-21是一种分块交织器的工作原理图。分块交织器实际上是一个特殊的存储器，它将数据逐行输入排成 m 列 n 行的矩形阵列，再逐列输出。去交织是交织的逆过程，去交织器将接收的数据逐列输入逐行输出。在传输过程中如果发生突发性误码，比如某一列全部受到干扰，实际上相当于每一行有一位码受到干扰，经去交织处理后集中出现的误码转换成每一行数据有一位误码，如图2-22所示，可以由信道解码器纠正。

图2-20　采用交织器的数据传输系统方框图

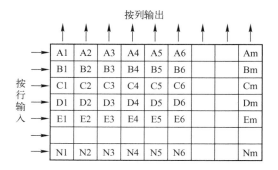

图2-21　分块结构交织原理

突发错码

随机错码　　　　　　　　　　　　　随机错码　　　　随机错码

图 2-22　突发错码经交织编解之后成为统计独立的随机错码

○—信码　●—错码

2.4　时分多路复用

2.4.1　时分多路复用的基本概念

　　一个大型的数字通信系统具有较高的信息传递速率，而单个用户所需要的传码率却往往并不是很高，因此在数字通信中也存在着多路信号使用同一个通信系统（或传输信道）的问题，平常说的一个信道可以同时传输百个、千个甚至万个话路，就是指的这种情况。所谓时分多路复用（TDM，Time Division Multiplex），就是将信道的工作时间按一定的长度分段，每一段称为一帧，一帧又分为若干个时隙。用户的信号在每一帧中各自占用一个预先分配的时隙。这样就可以实现多路信号在同一个信道中的不同时间里进行传输。图 2-23 是一个时分多路复用的示意图。

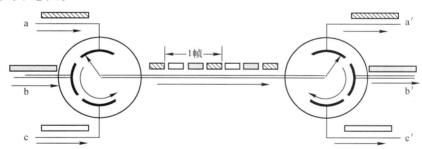

图 2-23　时分多路复用示意图

　　图中，圆弧表示导电片，箭头表示簧片，左边机构为复用器，右边机构为解复用器，两者以相同的速度旋转（实际的复用器与解复用器都是由电子线路来实现的）。设 a、b、c 为三个发送信号的用户，a′、b′、c′为对应的接收用户，与用户相连的线路称为用户线路，复用器与解复用器之间的线路称为中继线路。则各用户线路与中继线路上信号的波形如图 2-24 所示。

　　从图中可以看出，复用器将发送端的每一路信号进行取样，使之成为 PAM 信号，各路信号的取样频率（就是帧频）是相同的，但取样的时刻不相同，每一路信号取样值各自占用自己的时隙，因此当各路信号合路时在时间上不重叠，接收端的解复用器可以将它们分路而相互下干扰。只要取样频率满足取样定理的要求，解复用后的各路信号通过一个低通滤波器后就可重建原信号。

　　对于脉冲编码调制的数字电话来说，采用时分多路通信是很合适的。前面已提到，对每路语音信号的取样频率为 8000Hz，也就是每隔 1s/8000 = 125μs 时间取样一次，但取出的样值脉冲很窄，只占这段时间中的很小一个时隙，因而完全可以在其余的时间内插入若干路的语音样值脉冲（如图2-24）。通信系统将这些多路脉冲进行 PCM 编码后一起传输。在接收端则将译码后的脉冲用选通门分别选出各路的样值信号，这样就实现了时分多路通信。这里，一帧的时间是 125μs。有关 PCM 信号的时分多路复用将在下一节作重点介绍。

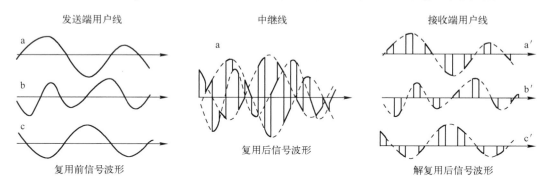

图 2-24　时分多路复用系统波形图

来自多个数字信源的信号在进行时分多路复用时，可以有比特交错法、字符交错法和码组交错法，其中最为常用的是字符交错法，如图 2-25 所示。在这种方法下，每个复用帧中包含每一个数据源的一个字节。设数据源的信息速率为 64Kbps，一个字节长 8bit，传送一个字节的时间是 125μs。复用器（MUX）中含有多个数据缓冲器，分别与数字信源相连接。数字源以每 125μs 8bit 的速度将数据存入缓冲器中，而复用器在 125μs 时间内将所有的数据读出。以 32 路复用器为例，读每一路数据的时间约为 3.9μs。

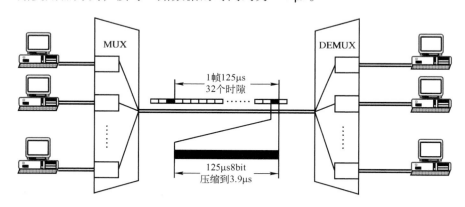

图 2-25　数字源信号的时分多路复用示意图

解复用器（DEMUX）将接收到的数据按时隙分路到各个缓冲器，每一字节读入的时间是 3.9μs，读出的时间是 125μs，这样每个接收终端可以接收到连续的速率为 64Kbps 的数据。

2.4.2　30/32 路 PCM 通信系统的帧结构与终端组成

（1）30/32 路 PCM 通信系统的帧结构

图 2-26 是 CCITT 建议 G.732 规定的 30/32 路 PCM 基群帧结构。为了传输频带为 300～

3400Hz 的语音信号，取样频率 f_S 定为 8000Hz，取样周期 $T_S = 125 \mu s$。在 30/32 路 PCM 系统中，要依次传送 32 路信息码组，故将每帧划分为 32 个时隙，每个时隙的宽度 $t = 125/32 = 3.9 \mu s$。每一路语音信号的码组（代表一个取样脉冲）都只在一帧中占用一个时隙。如果每路语音信号都是采用字长为 8 的码组，则每位码元的宽度是 $t/8 = 0.49 \mu s$。

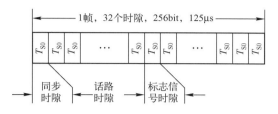

图 2-26 30/32 路 PCM 通信系统的帧结构

在 30/32 路 PCM 系统中，每 32 个时隙内只有 30 个时隙用于消息的传送；第 1 个时隙（T_{S0}）在偶数帧时传送同步码，码组固定为 *0011011，其中 * 作为备用码元，不用时暂定为 1，T_{S0} 在奇数帧时用于传送监视码、对告码等。码型为 $*1A_1SSSSS$，其中 A_1 是对端告警码，$A_1 = 0$ 时，表示帧同步，$A_1 = 1$ 时，表示帧失步。S 为备用比特，可用来传送业务码。不用时暂定为 1。* 作为备用码元，不用时暂定为 1；第 17 个时隙（T_{S16}）传送信令，每个信令用 4 位码组表示，因此每帧的 T_{S16} 可以传送两个信令。每 16 帧构成一个复帧，每个复帧的第 16 帧中的 T_{S16} 的前 4 位码组用来传送复帧同步码，码组固定为 0000。30/32 路数字通信系统的总码率为

$$f_A = 8000 \times 32 \times 8 = 2048 \text{（Kbit/s）}$$

图 2-27 是一个周期的时分复用数字码组流，在通信中称为 1 帧，包括若干个时隙，每个时隙中有一组 8 位的二进制代码，表示一个字（在计算机通信中）或一个取样值（在 PCM 系统中）。为了保证接收端能正确接收，两端要有相同的帧起止时间、字起止时间以及每一个码元的起止时间，即收发两端必须保持同步，

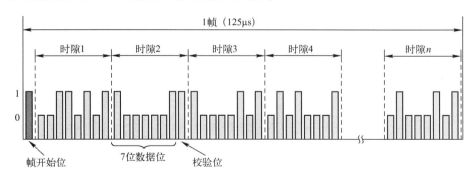

图 2-27 时分复用后的数字码组流示意图

（2）时分多路复用的同步技术

同步技术是时分复用中的关键技术。时分复用通信中的同步技术主要是位同步（也称码元同步）和帧同步。在绝大多数情况下，信源输出的是码元长度相同的码元流，数据流被分成若干个帧，帧定义了数据和控制信息在位流中的格式，包括起始位、数据位、控制位和停止位等码元，因此接收端必须首先识别这些位上的码元信息，判断是 "1" 还是 "0"

（在二进制传输时）。

位同步的基本含义是收、发两端的时钟必须同频同相，这样相同时间内发送端发送的码元数与接收端接收的码元数相同，否则就会出现错误；同时接收端还必须在一个码元长度内最合适的时刻进行接收判决，这样可以使系统对码元传输不利的影响（如外界干扰、码间串扰等）降到最低。为了达到收、发端同频、同相，收发两端需要有共同的时钟。通常情况下，在设计传输码型时，一般要考虑传输的码型中应含有发送端的时钟频率成分。这样，接收端从接收到信号中提取出发端时钟频率来控制接收端时钟，就可做到位同步。

帧同步是为了保证接收端对每一帧的起止位有一个正确的判断。因为一帧内不同的码元位有不同的含义，有的代表要传送的数据，有的用于控制，接收端不仅要知道这一位是"1"还是"0"，而且还要知道它在一帧中处在哪一位，这样才能确定它的含义。为了建立收、发系统的帧同步，发送端需要在每一帧（或几帧）中的固定位置插入具有特定码型的帧同步码，接收端用专门的识别电路来提取帧同步码。

（3）30/32 路 PCM 系统的终端组成

图 2-28（a）和图 2-28（b）分别是 30/32 路 PCM 系统终端的发送与接收部分原理框图。图 2-28（a）中，各取样器的开关频率相同（8kHz），但取样时刻不同，它们分别在各自规定的时间内进行取样和编码，另外也可以在有些时隙内传送数据信号，如计算机数据或传真；在 T_{S0} 时刻和 T_{S16} 时刻插入同步信号和信令信号；汇总器将各种信号汇合后，其输出已是一个完整的 30/32 路 PCM 复用信号，经码型变换（如 HDB$_3$）后即可送入调制信道。图 2-28（b）中，信道输出的信号经再生整形后进行码型反变换，然后由分离器将语音信码与其他码元分离。语音信码经 PCM 解调后由分路器分别送至各用户。

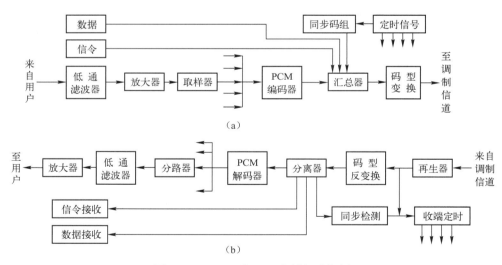

图 2-28　30/32 路 PCM 终端组成框图

2.4.3 数字复接基本原理

（1）数字复接的概念

在数字通信系统中，为了扩大传输容量和提高传输效率，常常需要将若干个低速数字信号合并成一个高速数字信号流，以便在高速宽带信道中传输。数字复接技术就是解决 PCM 信号由低次群到高次群的合成的技术。

（2）数字复接设备的组成

数字复接系统由数字复接器和数字分接器组成，如图 2-29 所示。数字复接器是把两个或两个以上的支路（低次群），按时分复用方式合并成一个单一的高次群数字信号设备，它由定时、码速调整和复接单元等组成。数字分接器的功能是把已合路的高次群数字信号，分解成原来的低次群数字信号，它由帧同步、定时、数字分接和码速恢复等单元组成。

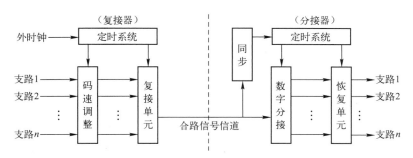

图 2-29 数字复接设备示意图

（3）数字复接系列

为使数字终端设备通用化，CCITT（Consultative Committee for International Telegraph and Telephone，国际电报电话咨询委员会）已经推荐了两类准同步数字复接系列，如表 2-5 所示。其中，北美和日本采用以 1.544Mbps（T1）为基群的数字速率系列；欧洲和苏联采用以 2.048 Mbps（E1）为基群的数字系列。由于 2.048 Mbps 为基群的数字速率系列的帧结构与目前数字交换用的帧结构是统一的，因此便于向数字传输和数字交换统一化方向发展；其次 CCITT 关于 2.048 Mbps 系列的建议比较单一也比较完善，性能比较好，因此我国已经统一采用 2.048 Mbps 的数字系列。

表 2-5 CCITT 推荐的数字复接等级

系列	等级 内容	一次群	二次群		三次群		四次群		五次群	
美日体制	码率（Kbps）	1544	6312		32 064（日）		97 728		397 200	
					44 736（美）		274 176			
	话路数（ch）	24	×4	96	×5	480（日）	×3	1440	×4	5760
					×7	672（美）	×6	4032		
欧洲体制	码率（Kbps）	2048	8448		34 368		139 264		564 992	
	话路数（ch）	30	×4	120	×4	480	×4	1920	×4	7680

但随着数字通信业务的不断发展、应用的多样化以及网络管理的现代化要求，暴露出准同步数字系列的不足，因此 CCITT 于 1988 年通过了新的同步数字系列（SDH，Synchronous Digital Hierarchy），采用同步转移模式（STM，Synchronous Transfer Mode），它的第一级速率为 155.2Mbps（STM-1），往高一级速率均采用同步复接办法，解决了准同步数字系列的若干缺点。

（4）数字复接的分类

根据复接器输入端各支路信号与本机定时信号的关系，数字复接方法分为两类，即同步复接与异步复接。

① 同步复接。如果各输入支路数字信号相对于本机定时信号是同步的，那么只需相位调整（有时无须任何调整）就可以实施复接，这种复接称为同步复接。同源信号（各个信号由同一主时钟产生）的复接就是同步复接。

② 异步复接。如果复接器输入支路数字信号相对于本机定时信号是异步的，那么就需要对各个支路进行频率和相位调整，使之成为同步的数字信号，然后实施同步复接，这种复接称为异步复接。异源信号（各个信号由不同主时钟产生）的复接就是异步复接。

在异步复接中，只要解决了将非同步信号变成同步信号的问题，就可实施同步复接（实际做法正是这样）。因而同步复接是数字复接的基础。

（5）数字信号的复接方式

数字信号复接过程中，根据参与复接的各支路信号每次交织插入的码元数字结构情况，把复接的方式分为三种。

① 按位复接。按位复接也称"比特单位复接"，这种方法每次复接1位码。如果要复接4个基群信号，则第1次取第1基群的第1位码，然后取第2基群的第1位码，再取第3基群、第4基群的第1位码；接下去取第1基群的第2位码，第2基群的第2位码，依此类推，循环往复。复接后每位码宽度只有原来的1/4。

按位复接设备简单，只需容量很小的缓存器，较易实现，是目前用得最多的复接方式。

② 按字复接。每次复接取一个支路的8位码，各个支路的码轮流被复接。在其他3个支路复接期间，必须把另一个支路的8位码存储起来，因此这种方法需要容量较大的缓冲存储器。但它有利于多路合成处理和交换，因而将会有更多的应用。

③ 按帧复接。以帧为单位进行复接，即依次复接每个基群的一帧码。这种方法的优点是不破坏原来各个基群的帧结构，有利于交换。但是，与第二种方法相同，它需要容量更大的缓冲存储器，目前尚无实际应用。

本章小结

本章主要介绍信源编码和信道编码技术。信源编码解决如何用数字码组表示信源信息的问题，信道编码主要解决如何提高信号传输的有效性与可靠性问题。

数字型的信源信息用信息码描述，最常用的是 ASCII 码；模拟型的信源信息通过 A/D 转换变成数字信号，常用的 A/D 转换方式有 PCM、ΔM 以及它们的改进型。

A/D 转换需要有三个过程，即取样、量化和编码。取样使信号在时间上离散，取样频率应是信号最高频率的两倍以上；量化使信号的电平离散，量化级数越多，量化噪声就越小，但编码率会越高。非均匀量化可以较好地解决量化噪声与编码率之间的矛盾。我国的 PCM 编码采用称为"13 折线 A 压扩律"的非均匀量化方法。

将数字码组增加一定的比特并对其进行适当的变换，使之具有一定的规律，接收端根据这个规律去判断所接收码组中是否有误码，甚至可以判断出误码的位置。这种变换就是差错控制编码。常见的差错控制编码方式有（二维）奇偶校验码、恒比码、BCH（Bose，Ray-

Chaudhuri，Hocquenghem）码等，这些编码方式对随机出现的单比特误码有较好的检测与纠正能力。对于突发性误码，可以采用交织编码的方式将其转换成随机单比特误码。

数字通信系统的接收端在发现误码后，或是自行对其进行纠正，称为 FEC 方式，或是请求发送端重发，称为 ARQ 方式。有的通信系统两种方式都使用。

差错控制的目的是使用信道编码的方法检测和纠正误码，降低误码率，根据差错控制方式不同，可分为检错重发方式（又称 ARQ 方式）、前向纠错（又称 FEC 方式）和混合纠错方式（又称 HEC 方式）三种。常用的差错控制编码有奇偶校验码、二维奇偶校验码、定比码、正反码、线性分组码及卷积码等。

如同频分多路复用，数字信号根据时间上离散的特点进行时分多路复用。实行时分多路复用必须将信号码组（或码元）在时间上进行压缩，留出的时间用于插入另一路信号的码组，这样在一条线路上就能分时传送多路数字信号。

我国采用的 E1 线标准是 32 路 PCM 复用，其中 30 路用于传送数字语音或数据，总码率为 2048Kbps。

思考题与习题

2.1　查 ASCII 表写出英文单词 "Data" 的数字代码。

2.2　波形编码的三个基本过程是什么？

2.3　电视图像信号的最高频率为 6MHz，根据取样定理，取样频率至少应为多少？

2.4　电话语音信号的频率被限制在 300～3400Hz，根据取样定理其最低的取样频率应为多少？如果按 8000Hz 进行取样，且每个样值编 8 位二进制码，请问编码率是多少？

2.5　试述 PCM 编码采用折叠二进制码的优点。

2.6　设 PCM 编码器的最大输入信号电平范围为 ±2048mV，最小量化台阶为 1mV，试对一电平为 +1357mV 的取样脉冲进行 13 折线 A 压扩律 PCM 编码，并分析其量化误差。

2.7　试对码组为 10110101 的 PCM 信号进行译码，已知最小量化台阶为 1mV。

2.8　试比较 PCM 与 ADPCM，指出二者之间的不同。

2.9　当数字信号传输过程中出现误码时，通信系统采用哪些手段来减少误码的影响？

2.10　现有 64bit 二进制码帧，共分为 8 个码组，每组 8bit，采用二维偶校验，每组的第 8 位和最后一组是校验码（组），试问其中是否有误码，是哪一位？

11001100'10111010'10001101'11110101'00101101'10101010'01000010'11011011

2.11　数字信号经过交织编码实际上解决了什么问题？

2.12　什么是脉冲编码调制？什么是增量调制？它们有何异同？

2.13　T1 线的数码率是多少？E1 线的数码率是多少？它们是怎样构成的？

2.14　什么叫量化和量化噪声？为什么要进行量化？

2.15　什么叫 13 折线法？它是怎样实现非均匀量化的？

2.16　采用非均匀量化的优点有哪些？

2.17　什么是时分复用？它在数字电话中是如何应用的？

2.18　数字复接有哪几种方法？

第 3 章
数字信号的基带传输

数字信号的传输，通常分为基带传输和频带传输两种。由消息转换过来的原始信号所固有的频带称为基本频带，简称基带。不搬移基带信号的频谱或只经过简单的频谱变换进行传输的方式叫做基带传输。

3.1 数字基带信号

未经调制的数字信号称为数字基带信号，其来源主要是计算机数据、各种数字设备产生的信号以及模拟信号经过 A/D 转换得到的信号。

3.1.1 数字基带信号波形与频谱

信号的波形反映信号的电压或电流随时间变化的关系。用以传输的数字基带信号波形可以是各种各样的，这里介绍几种应用较广的数字基带信号波形。

（1）单极性非归零（NRZ，Non Return to Zero）波形

设数字信号是二进制信号，每个码元分别用 0 或 1 表示，则该波形可以是图 3–1（a）的形式。这里，基带信号的 0 电平及正电平分别与二进制符号 0 及 1 一一对应。容易看出，这种信号在一个码元时间内，不是有电压（电流）就是无电压（电流），电脉冲之间无间隔，极性单一。这种信号比较适合于使用常用的数字电路处理。

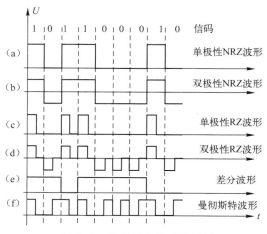

图 3–1　数字基带信号波形图

38

（2）双极性非归零波形

双极性非归零波形，指二进制码元 1、0 分别与正负电平相对应的波形，如图 3-1（b）所示。它的电脉冲之间也无间隔。

与单极性波形相比，双极性波形有两个优点。一个是当 0、1 码元等概率出现时，它将无直流成分，另一个是当接收端为高低电平时可以直接用零电平作为判决电平。

（3）单极性归零（RZ，Return to Zero）波形

单极性归零波形也称占空码，它的特点是有电脉冲的宽度小于码元长度，每个有电（电压、电流）脉冲在一个码元内总是要回到零电平，如图 3-1（c）所示。一个码元内高电平的宽度与零电平的宽度之比称为占空比。

（4）双极性归零波形

它是双极性波形的归零形式，如图 3-1（d）所示。由图可见，此时对应每一码元都有零电平的间隙，即便是连续的 1 或 0，都能很容易地分辨出每个码元的起止时间，因此接收机在接收这种波形的信号时，很容易从中获取码元同步信息。

（5）差分波形

差分波形是一种将信码 0 和 1 反映在相邻信号码元的相对极性变化上的波形。比如，以相邻码元的极性改变表示信码 1，而以极性不改变表示信码 0，如图 3-1（e）所示。可见，这样的波形在形式上与单极性或双极性波形相同，但它所代表的信码与码元本身极性无关，而仅与相邻码元的极性变化有关。差分波形也称相对码波形，而相应地称前面的波形为绝对码波形。

（6）曼彻斯特波形

如图 3-1（f）所示，每一个码元被分成高电平和低电平两部分，前一半代表码元的值，后一半是前一半的补码。例如，图中的 1 码，前半个码元是高电平，后半个码元是低电平，0 码则反之。从这个波形中可以看到，无论信码如何分布，其高、低电平的延续时间最长不会超过一个码元长度，因此很适合从这个信号中提取码元同步信号。这种码常被用做数字信令码。

3.1.2　数字基带信号常用线路码型

数字信号能否在数字通信系统中有效且可靠地传输，与数字信道的特性和数字信号的码型有很大的关系。受各种条件的制约，数字信道的特性往往不易被控制，于是选择合适的信号码型以与信道匹配就显得非常重要。

信道编码必须根据信道的特性和通信系统的工作条件进行，一般所选码型的结构应满足以下几方面的条件：

（1）直流分量为零（对光纤传输为直流平衡度好），低频和高频分量小；

（2）含有时钟分量或经过简单变换就含有位定时时钟分量；

（3）码型变换过程应与信源的统计特性无关，要便于时钟提取。例如，当信源信码中出现连续多个 1 码或 0 码时，接收端不会因此而失去同步；

（4）具有一定的误码检测能力；

（5）不应因编码而使系统的信息传递速率下降。

（6）设备的经济性。

在数字电话通信中，常用的信道编码码型有 AMI 码和 HDB$_3$ 码。

（1）AMI 码

AMI 码（Alternate Mark Inversion，信号交替反转码），又称双极性码，它是一种 1B1T 码。即将一个二元码变换为一个三元码，一般用三个电平 $+E$，0，$-E$ 表示。变换规则是：0 电平表示"0"码；$+E$ 或 $-E$ 电平都表示"1"码（传号）。但 $+E$ 与 $-E$ 要交替出现，如图 3-2（a）所示。

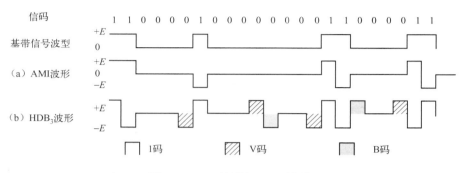

图 3-2　AMI 波形与 HDB$_3$ 波形

由于 $+E$ 或 $-E$ 交替出现，功率谱中没有直流分量，低频分量也很小。如果传输中发生单个错误，则会破坏传号交替反转规则，因此可用来作误码监测。

AMI 码的发送与接收电路实现简单，在电缆数字传输等场合得到应用。但是 AMI 码有一个缺点，即当它用来获取定时信息时，如果出现长时间的 0 码，则接收端会出现长时间的零电平，因而会造成提取码元同步信号的困难。

（2）HDB$_3$ 码

HDB$_3$（High Density Bipolar of 3Code，三阶高密度双极性码）是 AMI 码的改进型，解决了 AMI 码在长时间为 0 时可能出现位同步信息丢失的问题。当输入有 4 个连续的"0"时，就将它们替换为另外的 4 个码。其中包括违反极性交替的码，使接收端能识别出来。这样，HDB$_3$ 码的最长连"0"数为 3 。它的编码原理如下所示。

① 如果信码中没有 4 个以上的连续零值，则按 AMI 码的编码规则对信码进行编码。

② 当信码中出现 4 个以上的连续零值时，将这 4 个连零看做是一个连零段，第 4 个 0 被改成非零符号（相当于 1 码），称为 V 码，如果 V 码之后紧接着再出现 4 个以上的连零，则第 4 个零也改为 V 码。

③ 所有 V 码的极性必定与其前一个非零符号的极性相同；在编码过程中当相邻两个 V 码的极性可能会相同时，就在第二个 V 码所在的连零段中将第一个零码改为非零符号，其极性与前一个非零符号的极性相反，这个码称为 B 码，其后的 V 码的极性仍与该 B 码极性相同。

图 3-2（b）是一个 HDB$_3$ 码的例子，从中可以看到，HDB$_3$ 码中连续零电平码的位数不会超过 3 个，相邻 V 码的极性必定相反，V 码与其前相邻的非零符号之间的极性必定相同；同一连零段中 B 码与 V 码之间有两个零电平码。

虽然 HDB$_3$ 码的编码规则比较复杂，但译码却相当简单，只要相邻两个非零符号的极性相同，则后一个码一定是 V 码，可译作 0；V 码前一定有 3 个 0 码，其中可能存在的 B 码就可以转换成 0 码；其余的非零符号无论是正电平或是负电平都译作 1 码，则 HDB$_3$ 码的译码就可以完成了。

HDB$_3$ 码的特点是明显的，它除了保持 AMI 码的优点外，还增加了使连 0 码减少到至多 3 个的优点，而不管信息源的统计特性如何。这对于同步信号的提取是十分有利的。

（3）AMI 和 CMI 码

CMI 码（Coded Mark Inversion，编码传号反转码）是一种二电平不归零码，其编码规则为：NRZ 码中的"0"码编为"01"；"1"码交替地编为"00"码或"11"码；编码后每位码占单位时隙的一半。

DMI 码（Differential Mode Inversion，差分模式反转码）也是一种二电平不归零码，其编码规则为：NRZ 码中的"1"码交替地编为"00"码或"11"码；对"0"码，若前两个码为"01"或"11"则编为"01"，若前两个码为"10"或"00"则编为"10"。

CMI 码和 DMI 码波形编码示例如图 3-3 所示。二者共有的优点是：因为编码状态交替，因此有误码检测能力；0、1 变换频繁，最长连续"0"和连续"1"码个数小于 3，有利于时钟的提取。

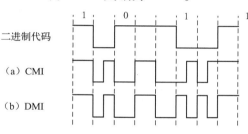

图 3-3　CMI 和 DMI 码编码举例

（4）mBnB 码

HDB$_3$ 码尽管有许多优点，但它实际上是一个三电平码，给信号的接收带来了很大的不便，而在有些情况下则必须用二电平信号，例如光通信中光只适合于表示两种状态，因此可采用 mBnB 码。

mBnB 码又称分组码。上面介绍的 CMI 码和 DMI 码等属于 1B2B 码。用 2 个比特代表 1 个二元码，则线路传输速率增高一倍，所需信道带宽也要增大。把 1B2B 推广到一般的 mBnB 码，即 m 个二元码按一定规则变换为 n 个二元码，且 $m < n$。这样变换后的码流就有了冗余，除了传原来的信息外，还可以传送与误码监测等有关的信息，并且改善了定时信号的提取和直流分量的起伏问题。m、n 越大，编码与解码器也越复杂。在光纤通信中，5B6B 码被认为在编码复杂性和比特冗余度之间是最合理的折中，在国内外三、四次群光通信系统中应用较多。它的编译码电路较简单，并且具有一定的误码监测能力。

3.2　基带传输系统

3.2.1　数字基带系统的基本组成

基带传输是数字信号传输的基本形式。如果信道具有低通传输特性，则数字基带信号可以直接在信道中传输。这种情况一般都发生在数字设备之间近距离的有线传输，如计算机局域网（LAN，Local Area Network）、计算机与外部设备之间的通信。数字基带传输系统的基本构成如图 3-4 所示。

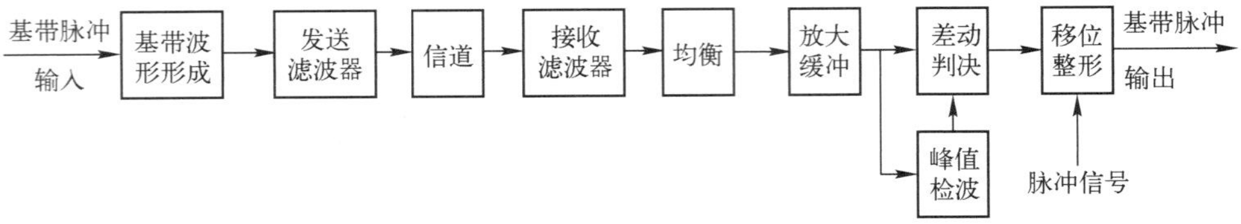

基带脉冲输入 → 基带波形成 → 发送滤波器 → 信道 → 接收滤波器 → 均衡 → 放大缓冲 → 差动判决 → 移位整形 → 基带脉冲输出

峰值检波 ← 差动判决；脉冲信号 → 移位整形

图3-4　数字基带传输系统的基本构成示意图

发送滤波器是将原始的数字信号序列变换为适合于信道传输的信号，即形成适合于在信道中传输的信号波形。

接收滤波器的作用是限制带外噪声进入接收系统以提高判决点的信噪比。

均衡器用于均衡信道畸变，经过均衡器的波形变化如图3-5所示。

差动判决电路在最佳时刻对信号进行取样，并判定码元的值。它将信号与一个判决电平进行比较，当信号的电压超过这个判决电平时输出高电平，而低于这个判决电平时输出低电平。

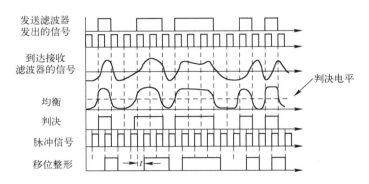

图3-5　数字基带传输过程中的波形图

图3-5为数字基带传输过程中的波形图。判决后的信号虽然已是一个矩形波，但其脉冲的前后沿时刻是随机的，发生在整形电路输入与判决电平相交时刻，这个时刻受信道特性与噪声的影响，因此每个码元长度也是随机变化的，需要重新定时，进行移位整形。

3.2.2　无码间串扰的基带传输系统

（1）码间串扰及其产生原因

数字基带系统若要获得良好的性能，则必须使码间干扰和噪声的综合影响足够小，使系统总的误码率达到规定的要求。

码间串扰（或码间干扰）简单来讲，就是指相邻码元间的互相重叠。它的产生是由于信道频率特性不理想引起波形畸变，从而导致实际取样判决值是本码元脉冲波形的值与其他所有脉冲波形拖尾的叠加，并在接收端造成判决困难而发生误码。

为使基带脉冲传输获得足够小的误码率，必须最大限度地减小码间串扰和随机噪声的影响。这也是研究基带脉冲传输的基本出发点。

（2）无码间串扰的基带传输系统

无码间串扰是数字传输系统设计的基本目标。经研究分析可知，如果信号经传输后整个波形发生变化，但只要其特定点的取样值保持不变，那么用再次取样的方法，仍然可以准确无误地恢复原始信码。这就是所谓的奈奎斯特第一准则的本质。

设基带传输系统具有理想的低通传输特性，其截止频率为 B，则该系统无码间串扰时最高的传输速率为 $2B$（波特）。这个速率通常被称为奈奎斯特速率，它是系统的最大码元传输速率。相应的，$T_b = 1/(2B)$ 为系统传输无码间串扰的最小码元间隔，称为奈奎斯特间隔。

反之，输入序列若以 $1/T_b$ 的码元速率进行无码间串扰传输时，所需的最小传输带宽为 $1/(2T_b)$ Hz。通常称 $1/(2T_b)$ 为奈奎斯特带宽。

单位频带所能传输的码元速率称为频带利用率（$Baud/Hz$），理想低通传输函数的频带利用率为 $2Baud/Hz$，这是最大的频带利用率。

从前面讨论的结果可知，理想低通传输系统具有最大传码率和频带利用率。但是，理想基带传输系统实际上不可能得到应用。在单极性与双极性基带波形的峰值相等、噪声均方根值也相同时，单极性基带系统的抗噪声性能不如双极性基带系统。因此，数字基带系统多采用双极性信号进行传输。

3.2.3　眼图

衡量码间干扰最直观的方法是眼图。眼图是利用示波器显示波形的方法。示波器采用外同步方式，扫描周期为码元周期 T_B 或 T_B 的整数倍。由于示波器荧光屏的余晖作用，使多个波形叠加在一起，这样在荧光屏上显示出类似人眼的图形，故得名"眼图"。

当输出码间不存在码间干扰时，其理想眼图如图 3-6（a）所示。示波器同步周期取 $2T_B$，图中显示一个完全张开的"眼睛"，其特点是"眼睛"大而清晰。

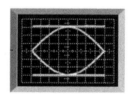
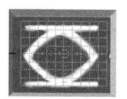

（a）单极性码无码间干扰　　　　　　　　　　（b）单极性码有码间干扰

图 3-6　眼图

如果码间出现干扰，使眼图劣化，眼眶明显减小且模糊，如图 3-6（b）所示。可以看出，眼图的"眼睛"张开的大小反映了码间串扰的程度。眼图可以简化为一个模型，如图 3-7 所示。

图 3-7 的特性如下：

（1）最佳取样时刻应是眼睛张开的最大时刻；

（2）眼图斜边的斜率表示对定时误差的灵敏度，斜率越大，表示灵敏度越高，出现误码的概率就越大，通信质量就容易下降；

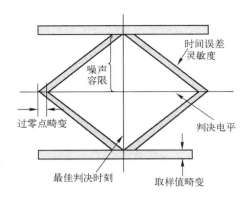

图 3-7　理想眼图模型

（3）图中阴影区的垂直高度表示信号的畸变范围；

（4）图中央的横轴位置应对应判决门限电平；

（5）在取样时刻，上下两阴影区间隔距离的一半称为噪声容限（或称噪声边际），若噪声瞬时值超过它，则可能发生错误判决。

3.2.4　误码的检测

即使通信系统无码间串扰，由于信道中噪声与干扰的存在，信号在传输过程中仍有可能出现误码。数字通信系统本身会采取一些措施对接收到的码元进行检测甚至进行纠正。最常见的一种误码检测方法是在每一组数据码组中加一位监督码，以保证发送的数据（包括监督码位）1 码的个数为奇数或偶数，接收端核实接收到的数据（含监督码）中 1 码的个数是否是奇数或偶数，如与发送端不一致，则判为码组中有误码。这种误码检测方法称为奇偶校验法。

在对一个数字通信系统进行评价时，误码率是一个重要的指标，因此需要进行定量检测。

3.2.5　再生中继器功能

数字信号在信道中以基带方式传输时，由于信道不理想，且存在噪声和干扰，使传输信号波形失真及信码幅度减小。随着传输距离的增加，这种影响越来越严重，当传输到一定距离后，接收端无法识别接收到的信码是"1"码还是"0"码，从而使通信无法进行。

为了延长通信距离，采用一定距离加一个再生中继器的方式对已经失真的信号进行再生。再生中继器由均衡放大、定时提取和再生判决三部分功能电路组成。

3.3 数字通信的基本方式

3.3.1 并行传输与串行传输

数字通信系统在传输信号时有两种方式：一种是使用 8 条信号线和 1 条公共线（地线）来同时传送 8 位二进制代码，这种方式称为并行传输；另一种是使用 1 条信号线和 1 条地线来依次传送这 8 位二进制代码，这种方式称为信号的串行传输。图 3-8 是两种传输方式的示意图。

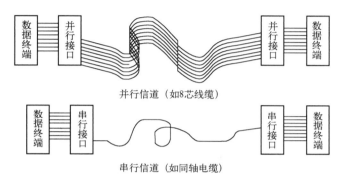

图 3-8 数据的并行传输和串行传输示意图

并行传输的特点是各数据位同时传送，传送速度快、效率高，设备简单，但由于要用到多条信号线（信道）和收发设备，因此传送成本高，且只适合于近距离传输，常用于计算机主机与外部设备之间的连接以及室内的计算机之间的联网。

串行传输的特点是数据一位一位地按顺序传送，最少只需一根传输线即可完成，成本低但传送速度慢，它的距离可以从几米到几千米，因此几乎是远距离通信和无线电通信唯一的选择。

3.3.2 单工与双工传输

数字信号的串行通信中，数据通常是在两个站（如终端和微机）之间进行传送，按照数据流的方向可分成 3 种基本的传送方式：全双工、半双工和单工。

如果在通信过程的任意时刻，信息只能由一方传到另一方，则称为单工。采用单工通信的典型发送设备如早期计算机的读卡器，典型的接收设备如打印机。但单工目前已很少采用。

若通信系统中使用同一根传输线既作接收又作发送，虽然数据可以在两个方向上传送，但通信双方不能同时收发数据，这样的传送方式就是半双工制（Half Duplex），如图 3-9 所示。采用半双工方式时，通信系统每一端的发送器和接收器，通过收/发开关转接到通信线上，进行方向的切换，因此，会产生时间延迟。收/发开关实际上是由软件控制的电子开关。

例如，步话机是半双工设备，因为在一个时刻只能有一方说话。

图 3-9　半双工传输示意图

若通信系统中数据的发送和接收分别由两根不同的传输线传送时，通信双方都能在同一时刻进行发送和接收操作，这样的传送方式就是全双工制（Full Duplex），如图 3-10 所示。这种方式要求通信双方均有发送器和接收器，因此，能控制数据同时在两个方向上传送，且没有切换操作所产生的时间延迟，这对那些不能有时间延误的交互式应用（例如远程监测和控制系统）十分有利。例如，电话是全双工设备，因为双方可同时说话。

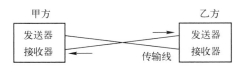

图 3-10　全双工传输示意图

3.3.3　同步传输与异步传输

（1）同步的含义

在数字通信过程中，当发送器通过传输介质向接收器传输数据信息时，如每次发出一个字符（或一个数据帧）的数据信号，接收器必须识别出该字符（或该帧）数据信号的开始位和结束位，以便在适当的时刻正确地读取该字符（或该帧）数据信号的每一位信息，这就是接收器与发送器之间的基本同步问题。

因此当以数据帧传输数据信号时，要求发送器应对所发送的信号采取以下两个措施：在每帧数据对应信号的前面和后面分别添加有别于数据信号的开始信号和停止信号；在每帧数据信号的前面添加时钟同步信号，以控制接收器的时钟同步。

接收端一般有三种方法获得时钟同步信号：（1）由一个主时钟为收发双方提供码元定时脉冲，称为主时钟方式，如图 3-11 所示；（2）接收端从发送端获得码元定时脉冲，称为引导时钟方式，如图 3-12 所示；（3）接收端自行产生码元定时脉冲。前两种方法接收端与发送端的码元定时脉冲保持同步，相应的数据传输被称为同步传输；后一种方法接收端与发送端各自采用两个互不相关的时钟电路，其频率与相位总会有一些差异，不能同步，故相应的数据传输称为异步传输。

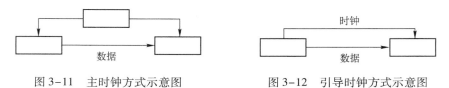

图 3-11　主时钟方式示意图　　　　图 3-12　引导时钟方式示意图

（2）同步传输（Synchronous Transmission）

在同步传输模式下，通信的双方需要有一个公共的时钟。在主时钟方式下，接收端从单独的时钟通道中获取码元定时脉冲；在引导时钟方式下，接收端与发送端之间可以用专用的通道传送码元定时脉冲，也可以由接收端直接从接收的信号中提取码元定时脉冲，这种方法称为自同步。

同步传输时，为使接收方能判定数据块的开始和结束，还须在每个数据块的开始处和结束处各加一个帧头和一个帧尾，加有帧头和帧尾的数据称为一帧（Frame）。

同步传输以数据帧为单位传输数据，可采用字符形式或位组合形式的帧同步信号（后者的传输效率和可靠性高），由发送器或接收器提供专用于同步的时钟信号。

同步传输模式不仅传输效率高，可靠性也好，因此被广泛应用于业务量较大的通信系统中。

（3）异步传输（Asynchronous Transmission）

异步传输以字符为单位传输数据，它将比特分成小组进行传送，小组可以是 8 位的 1 个字符或更长，采用位形式的字符同步信号，发送器和接收器具有相互独立的时钟（频率相差不能太多），并且两者中任一方都不向对方提供时钟同步信号。异步传输的发送器与接收器双方在数据可以传送之前不需要协调：发送器可以在任何时刻发送数据，而接收器必须随时都处于准备接收数据的状态。异步传输一个常见的例子是计算机键盘与主机的通信。按下一个字母键、数字键或特殊字符键，就发送一个 8bit 的 ASCII 代码。键盘可以在任何时刻发送代码，这取决于用户的输入速度，内部的硬件必须能够在任何时刻接收一个键入的字符。

常见的码组同步方法是起止（同步）法，它将数据流以 5 或 8 个码元为单位分组，每组之前加一位起始码，固定为低电平，每组之后加 1 ~ 2 位结束码，固定为高电平，所有空闲时间也均为高电平，如图 3–13 所示。起始码用来通知接收方数据已经到达了，这就给了接收方响应、接收和缓存数据比特的时间；在传输结束时，停止位表示该次传输信息的终止。例如在键盘上数字"1"，按照 8bit 的扩展 ASCII 编码，将发送"00110001"，同时需要在 8bit 的前面加一个起始位，后面一个停止位。

异步传输的实现比较容易，由于每个信息都加上了"同步"信息，但却产生了较多的开销。在上面的例子，每 8bit 要多传送 2bit，总的传输负载就增加 25%。因此，异步传输常用于低速设备。如计算机键盘与主机、电视机与遥控器之间的通信，因为在这种情况下，发送端并不是一直在发送信号，接收端也就很难获得同步时钟信号，另一方面，这一类通信不要求过高的数据传输速率，没有必要采用较复杂的同步传输方式。

本章小结

根据数字信号在传输之前是否经过调制，数字信号传输系统分为基带传输系统和频带传输系统。本章主要讨论了数字基带传输的基本要求、基带传输中常用的线路码型以及实现数字信号无失真传输的条件，介绍了数字通信的概念。

数字基带信号是指未经过正弦波调制的数字信号，它可以有多种波形，常见的有单（双）极性 NRZ 波形、单（双）极性 RZ 波形等。基带传输系统有时会在传输过程中对数字基带信号进行码形变换，常用的传输码形有 AMI 码和 HDB₃码。

　　基带信号在信道中传输时会衰减、失真和受到各种干扰与产生噪声。如果信道的带宽与码元速率相近，会出现同一个信号码元之间的相互串扰。根据信号的特点合理地设计和调整信道特性可以消除码间串扰。衡量码间干扰最直观的方法是眼图。

　　数字通信系统在传输信号时有两种方式：串行传输和并行传输。实现字符或数据块之间在起止时间上同步的常用方法有异步传输和同步传输两种。

思考题与习题

3.1　选择线路码流，应考虑哪些问题？

3.2　从传输角度考虑，AMI 码有何特点？

3.3　设 NRZ 码为 010000100000001100000，画出相应的 AMI、HDB₃、CMI 和 DMI 码的波形。

3.4　码间干扰是如何形成的？

3.5　无码间干扰传输的条件是什么？

3.6　眼图的作用是什么？理想的眼图模型是怎么样的？

3.7　串行传输和并行传输有什么不同？

3.8　数字通信中，为什么要实现同步？什么是同步传输？

3.9　什么是异步通信？

第4章 数字信号的频带传输

数字基带信号可以直接在具有低通特性的信道中传输，但这种信道一般都是近距离有线信道。在很多情况下，传输信道具有带通的特性，信号中频率超出信道通带的成分不能被有效地传输。图4-1是一个模拟电话用户线信道的例子。模拟电话用户线是指从交换机到电话终端之间的线路，包括交换机中的用户电路和双绞线，专用于传送语音信号。尽管双绞线本身的传输特性可以使低频甚至直流成分通过，但由于在交换机用户端口设置了一个通带范围为300~3400Hz的滤波器，总的信道传输频率范围被限制在300~3400Hz，因此数字基带信号中包含的低频分量（低于300Hz部分）就无法通过这个信道，造成接收的信号与发送的信号频率成分不同，出现失真，最终导致误码。可以设想，如果将信号的频谱搬移一下，如图4-1（b）所示，基带信号变成频带信号，这个问题就可以解决。

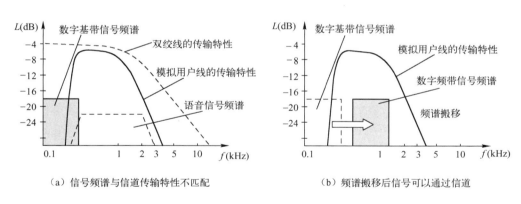

（a）信号频谱与信道传输特性不匹配　　　　（b）频谱搬移后信号可以通过信道

图4-1　模拟电话用户线中的信号传输频谱搬移示意图

有的信道有很宽的频率范围，但用户的信息带宽却很窄，用这样的信道去传输一个用户的信号显然会造成频率资源的浪费。这时可以将一个信道按频率划分成多个子信道，每个信道分配一个载波，传送一个用户的信号，这种方式称为频分多路复用（FDM，Frequency Division Multiplexing）。数字基带信号必须通过调制将频谱搬到对应的子信道上。

综上所述，数字基带信号在很多场合要通过信号频谱的搬移才能满足信号传输的要求，这种频谱搬移可以通过对正弦波的调制来实现。

本章将重点介绍数字调制与解调的基本原理，并在此基础上介绍利用调制解调技术实现的频分多路复用技术和扩频技术。

4.1　数字调制与解调

调制（Modulation）是用基带信号去控制正弦波的参数的过程。用于调制的基带信号称为调制信号（Modulating Signal），被调制的正弦波称为载波（Carrier），经过调制以后的信号称为已调信号（Modulated Signal）。

调制在传输系统的发送端进行，数字基带信号通过调制器对正弦载波进行调制。在接收端，接收设备要将原来的基带信号从已调信号中恢复，这个过程称为解调（Demodulation），因此接收设备中包括了解调器。在很多情况下，信号的传输是双向的，接收端同时也是发送端，双向传输系统中的传输设备既要完成调制功能，又要完成解调功能，因此称为调制解调器（Modem）。图4-2是数字信号在传输系统中的调制与解调示意图。

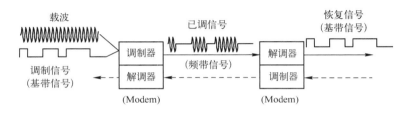

图4-2　调制与解调示意图

一个正弦载波有三个参数，分别是幅度、频率与相位，它们都可以受调制信号的控制而发生变化，因此对应地就有幅度调制（AM，Amplitude Modulation）、频率调制（FM，Frequency Modulation）和相位调制（PM，Phase Modulation）三种调制类型。

数字调制是指调制信号为数字型的正弦波调制。数字调制技术可分两种类型：①利用模拟方法实现数字调制，即把数字基带信号当做模拟信号的特殊情况来处理。②利用数字信号的离散取值特点去键控载波的参数，从而实现数字调制。后一种方法通常称为键控法。常见的数字调制有幅移键控（ASK，Amplitude Shift Keying）、频移键控（FSK，Frequency Shift Keying）、相移键控（PSK，Phase Shift Keying）以及它们的组合或改进。

基带信号经过调制后不仅频率发生了变化，其频带宽度和抗干扰能力都会发生变化。通常用频带利用率来衡量不同调制方式对带宽的影响大小，用尽可能小的带宽去获得尽量高的比特率和尽量小的误码率，这是数字调制技术研究的主要目标。

4.1.1　二进制幅移键控

（1）信号波形

图4-3是一个二进制ASK信号波形的例子，正弦载波在有无受到信码控制时的波形图，当信码为1时，ASK的波形是若干个周期的高频等幅波（图中为两个周期）；当信码为0时，ASK信号的波形是零电平，因此ASK信号已包含了数字基带信号所携带的信息。

（2）ASK调制与解调

二进制幅移键控信号的产生方法（调制方法）有两种，如图4-4所示。图4-4（a）是

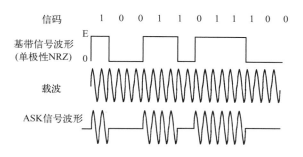

图 4-3　ASK 信号波形

（a）　　　　　　　　　　　　（b）

图 4-4　ASK 波形产生器框图

采用模拟调制方式的 ASK 调制方法，数字基带信号采用单极性 NRZ 波形，用一个恒定的电压代表信码"1"，用零电压代表信码"0"，当它与高频载波相乘时，"1"码期间输出高频等幅载波，"0"码期间输出零电平，得到 ASK 信号。图 4-4（b）则是采用数字键控方法，由数字基带信号去控制一个开关电路。当出现 1 码时开关 S 闭合（置于载波端），有高频载波输出；当出现 0 码时开关 S 断开（置于接地端），无高频载波输出。

　　在接收端，只要对 ASK 信号进行包络检波和取样判决就可以恢复原来的调制信号。图 4-5 是ASK 信号解调器组成框图。图中，带通滤波器的中心频率与载波频率一致，其通带宽度与信号的带宽相同，这样可以滤除通带以外的、在传输过程中引入的干扰与噪声；包络检波器用于提取信号的幅度值，取样判决器与基带信号传输系统中的取样判决器一样，用于对检波后的信号进行重新定时和整形。

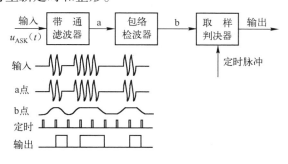

图 4-5　ASK 信号解调器及工作波形

　　包络检波可以采用相干检波或非相干检波。由于相干检波需要与信号载波同步地插入载波，这样会使接收电路复杂化，因此在 ASK 信号解调中用得较少。

　　（3）ASK 信号的频谱

　　分析图 4-3 的 ASK 波形与基带信号波形之间关系可以发现，ASK 信号实际上是信码的单极性 NRZ 波形与高频载波的相乘。已知一个二进制 NRZ 波形的频谱如图 4-6（a）所示，相乘器可以使信号的频谱搬移到载波的两边，因此可得到 ASK 信号的频谱如图 4-6（b）所示，从中可以得到一个重要的结论：ASK 信号的频带宽度是基带信号的两倍。

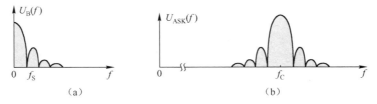

（a）　　　　　　　　　　　（b）

图 4-6　ASK 信号的频谱

［例 4-1］　假设电话信道具有理想的带通特性，频率范围为 300～3400Hz，试问该信道在单向传输 ASK 信号时最大的传码率为多少？

解：电话信道的带宽：$B = 3400 - 300 = 3100$（Hz）

该信道在传送 ASK 信号时，由于 ASK 信号的带宽是基带信号的 2 倍，因此该信道的等效基带带宽为 $B/2 = 1550$Hz

根据无码间串扰条件，基带带宽为 1550Hz 的信道最高可传输的码元速率

$$f_B = 2 \times 1550 = 3100（B）$$

4.1.2　二进制频移键控

（1）信号波形

二进制频移键控就是用两种不同频率的正弦载波来表示要传送信码的"1"和"0"两种状态，而载波的幅度则保持不变。图 4-7是一个 FSK 信号与基带信号的波形关系图。从图中可以看到，信码为 1 时，基带信号为高电平，对应的 FSK 信号是一个频率为 f_1 的载波，信号为 0 时，基带信号为低电平，FSK 信号则是一个频率为 f_2 的载波。

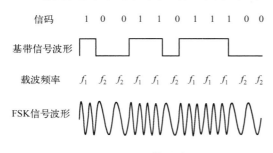

图 4-7　FSK 信号波形

（2）FSK 调制与解调

FSK 信号的产生可以是直接用 NRZ 基带信号对一个载波进行调频，如同将其看做一个模拟基带信号，或采用键控的方法，用 NRZ 基带信号去控制一个选通器，通过选通开关的转向来输出不同的振荡频率，如图 4-8。

（a）

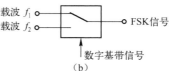

（b）

图 4-8　FSK 波形产生器框图

如果用两个中心频率分别为 f_1 和 f_2 的带通滤波器对 FSK 信号进行滤波，可以将其分离成两个幅度相同的 ASK 信号波形，如图 4-9 所示，即有

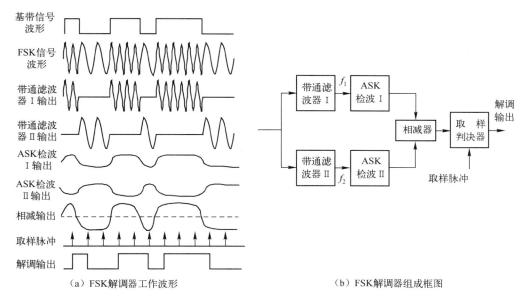

（a）FSK解调器工作波形　　　　　　　　　（b）FSK解调器组成框图

图4-9　FSK信号解调示意图

FSK 信号波形 ＝ 滤波器Ⅰ输出波形 ＋ 滤波器Ⅱ输出波形

对每一个波形都进行 ASK 检波（可以采用相干检波或非相干检波），并将两个检波输出送到相减器，相减后的信号是双极性信号，0 电平自然作为判决电平，不再像 ASK 解调那样要从信号幅度中提取判决电平。在取样脉冲的控制下进行判决，就可完成 FSK 信号的解调。

二进制频移键控信号还有其他解调方法，如鉴频法、过零检测法及差分检波法等。

（3）FSK 信号的频谱

如前所述，FSK 信号可以看做是两个频率分别为 f_1 和 f_2 的 ASK 信号合成的，因此它的频谱也是这两个 ASK 信号频谱的合成，如图 4-10。图 4-10（c）是 f_1 和 f_2 相差较大的情况，当 f_1 和 f_2 相差较小时，两条 ASK 频谱曲线合到一起形成一个单峰，如图 4-10（d）。通常 FSK 信号的频带宽度可根据下式计算：

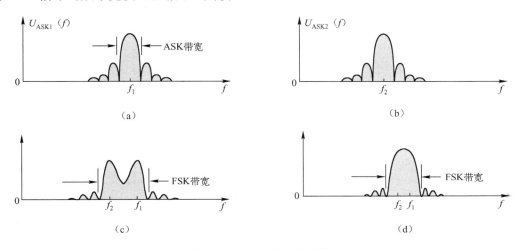

图4-10　FSK信号的频谱

$$\Delta f = \left| f_2 - f_1 \right| + 2f_S$$

式中，f_S 是数字基带信号的码元速率。与 ASK 相比，在同样的码元速率下，FSK 信号的频带宽度要大一个频差 $\left| f_2 - f_1 \right|$。

（4）FSK 应用

FSK 是数字通信中用得较广泛的一种方式。在音频信道内进行数据传输以及在衰落信道中传输时它更为普遍采用。

CCITT 的 V.21 标准描述了用于电话网中进行数据传输的速率为 300bps 的 Modem 的技术参数。该标准规定，主呼端调制解调器的两个载波频率分别为 1270Hz（代表 1 码）和 1070Hz（代表 0 码），被呼端调制解调器的两个载波频率分别为 2225Hz（代表 1 码）和 2025Hz（代表 0 码），V.21 标准 Modem 的频谱分配如图 4-11 所示。这样主呼与被呼双方各有一对频率的信号在同一条电话线路中双向传输而不会相互干扰。这种 Modem 主要用于传真机中。

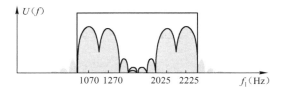

图 4-11　V.21 标准 Modem 频谱分配图

[例 4-2]　如果在电话信道中接入基于 V.21 标准的 Modem，要求电话信道的带宽为多少（假设电话信道为具有理想传输特性的信道）？

解：根据 V.21 标准规定，主呼与被呼的信号频谱分配如图 4-11 所示。因此，电话信道的带宽应为 B = 300 + (2225 - 1070) = 1455Hz。

4.1.3　二进制相移键控及二进制差分相移键控

（1）信号波形

二进制相移键控（PSK）和差分相移键控（DPSK）是载波相位随要传送的信码而改变的一种数字调制方式。它们的波形与基带信号波形的关系如图 4-12 所示。

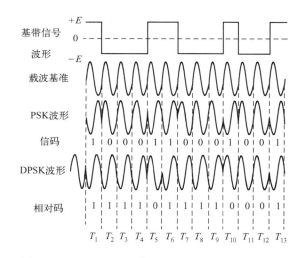

图 4-12　PSK、DPSK 信号相位与信码的关系示意图

从图中可以看到，在 T_1 时刻，信码为 1（这里，对应的基带信号波形为高电平），PSK 信号与载波基准的相位相反，而在 T_2 时刻，信码为 0，PSK 信号与载波基准的相位相同。显然，如果接收机得到载波基准和 PSK 信号，只要将两者进行相位比较，就可以从信号中恢复原来的信码。这种以信号与载波基准的不同相位差直接去表示相应信码的相位键控，通常被称为绝对相移键控方式。

PSK 接收系统必须有一个与发送系统相同的基准相位（即载波基准）作参考。根据这个参考相位，当判定接收信号与基准的相位差为 0 时，认为接收到的是 "0" 码，而相位差为 π 时就认为收到的是 "1" 码。

相对（差分）移相键控（DPSK）是利用前后相邻码元的相对相位去表示信码的一种方式。例如，从图 4-12 中可以看到，T_2 时刻与 T_1 时刻信号的相位发生了翻转，代表 T_2 时刻的信码为 1，T_5 时刻与 T_4 时刻信号的相位相同，代表信码 0。

需要说明的是，单纯从波形上看，DPSK 与 PSK 是无法分辨的。例如，图中的 DPSK 波形与信码之间有相位 "逢 1 翻转、遇 0 不变" 差分相移键控关系，但它与图中的相对码之间有相位 "逢 1π 相、遇 0 零相" 的绝对相移键控关系，也就是说，对信码来说的 DPSK 信号对相对码来说是 PSK 信号。这说明 DPSK 信号可以通过把信码（绝对码）变换成相对码，然后再将相对码进行 PSK 调制而得到。

信码与 PSK 信号的相位关系也可以用矢量图表示，如图 4-13 所示。图中，矢量的长度代表正弦波的幅度，它与正向水平轴的夹角代表正弦波的初相位。正向水平轴表示基准。因此 2PSK 信号有两个矢量，相位分别是 "0" 相和 "π" 相，各代表信码 0 和 1。

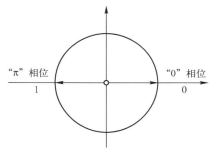

图 4-13　2PSK 信号矢量图

信码与 DPSK 信号的相位关系也可以用图 4-13 的矢量图来表示，但这时的正向水平轴代表的是前一个码元的相位，矢量与正向水平轴之间的夹角表示当前码元的相位在前一码元的基础上的相位增加量。

（2）PSK 与 DPSK 的调制与解调

PSK 与 DPSK 的调制器方框图如图 4-14 所示。图 4-14（a）是 PSK 信号调制器，载波发生器和移相电路分别产生两个同频反相的正弦波，由信码控制电子开关进行选通，当信码是 "0" 时，输出 "0" 相信号，当信码为 "1" 时输出 "π" 相信号；图 4-14（b）电路是 DPSK 信号产生器，它比图 4-14（a）电路多了一个 "码变换" 电路，信码在码变换电路中变换成相对码，再用这个相对码对载波进行 PSK 调制得到 DPSK 信号。

对 PSK 信号解调的方法有相干解调和非相干解调两种，相干解调器方框图和各功能块输出点的波形如图 4-15 所示。如果将相干解调方式中的 "相乘——低通滤波" 器件用鉴相器代替，就变为非相干解调器。图 4-15 中的解调过程，实际上是输入已调信号与本地载波信号进行相位比较的过程，故常称为相位比较法解调。

DPSK 信号的波形与 PSK 相同，因此也能用上面的框图进行解调，但得到的只能是相对码，还必须有一个码变换器将相对码变换为绝对码。此外，DPSK 信号解调还可采用差分相干解调的方法，直接将信号前后码元的相位进行比较，如图 4-16 所示。由于此时的解调已同时

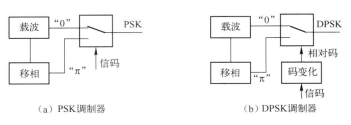

（a）PSK调制器　　　　　　　（b）DPSK调制器

图4-14　PSK与DPSK的调制器组成框图

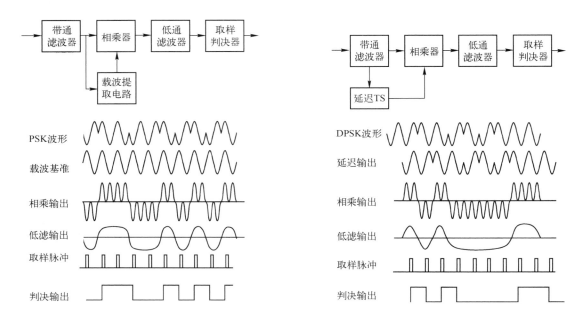

图4-15　PSK信号的解调示意图　　　　　图4-16　DPSK信号的差分解调示意图

完成了码变换，故无须再安排码变换器。这种解调方法由于无须专门的相干载波，因而是一种很实用的方法。当然，它需要一延迟电路精确地延迟一个码元长度（T_s），这是在设备上所要花费的代价。

（3）PSK与DPSK信号的频谱

PSK与DPSK信号实际上是一个双极性矩形脉冲序列与高频载波相乘的结果，因此其频谱与ASK信号的频谱相似，所不同的是ASK调制时基带信号是单极性信号，含有直流分量，相乘后信号中就有载波分量；PSK信号（或DPSK）调制时基带信号是双极性信号，如果信码1、0出现的概率相同，则基带信号中没有直流分量，已调波中也就没有载波分量，两者的频带宽度相同，都是基带信号带宽的2倍。

4.1.4　多相制相移键控

在数据通信中，为了提高信息传递速率，可以用载波的一种相位代表一组二进制信号码元，也就是多进制码元。由于码组长度为 m 的二进制信号有 2^m 种排列方式，因此，表示它们的载波相位在 $0 \sim 2\pi$ 范围内也应有 2^m 个取值，这就是多相制的基本概念。

目前用得较多的多相制 PSK（或 DPSK）是四相制和八相制。下而以四相制为例介绍多相制 PSK 和 DPSK 的原理。

（1）四相制 PSK 与 DPSK 波形

设基准载波的相位为 0，4PSK 信号的 4 个相位相隔为 π/2，它们与基准载波的相位关系有两种情况，如表 4-1 所列，分别称为 π/2 系统和 π/4 系统。图 4-17 画出了 4PSK 信号的相位与信码的关系。通常用 2 位二进制码元表示一个四进制码元，故图中的信码是二进制形式。

表 4-1　4PSK 相位排列表

信号（A B）	相位（π/4 系统）	相位（π/2 系统）
0　　0	π/4	0
0　　1	3π/4	π/2
1　　1	5π/4	π
1　　0	7π/4	3π/2

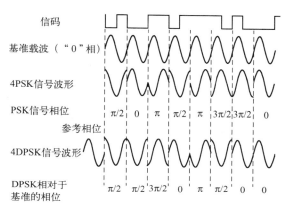

图 4-17　4PSK 与 4DPSK 波形

图 4-17 还画出了 4DPSK 的波形。与 DPSK 一样，4DPSK 也是用相邻码元（四进制码元）的相位差表示四种状态。例如，第一个码元为 01，它与前一个码元（参考相位为 0）的相位差就是 π/2；第二个码元为 00，它与第一个码元的相位差是 0，与基准载波的相位差则是 π/2。

（2）4PSK 信号的产生与解调

根据表 4-2 可以生成一个 4PSK 信号的向量图，如图 4-18 所示。图中实线向量代表的是 π/2 系统。对 π/2 系统来说，每一相可以用 $+\sin\omega t$（代表 00）、$-\sin\omega t$（代表 11）、$+\cos\omega t$（代表 10）和 $-\cos\omega t$（代表 01）中的一个表示，因此 π/2 系统的 4PSK 调制器可以由一个产生 $+\sin\omega t$ 波形的信号源加上移相器和反相器以及一个四选一电路构成，如图 4-19 所示。

表 4-2　4PSK 信号的合成

相位	A	B	合成信号输出
0	0	0	$\sin(\omega_C t - \pi/4) + \cos(\omega_C t - \pi/4)$
π/2	1	0	$-\sin(\omega_C t - \pi/4) + \cos(\omega_C t - \pi/4)$
π	1	1	$-\sin(\omega_C t - \pi/4) - \cos(\omega_C t - \pi/4)$
3π/2	0	1	$\sin(\omega_C t - \pi/4) - \cos(\omega_C t - \pi/4)$

从图 4-18 中可以看到，4PSK 信号的每一个向量都可以由两个相邻 π/4 的向量（用虚线表示）合成。例如，信码为 10 的向量可以用 $-\sin(\omega_C t - \pi/4) + \cos(\omega_C t - \pi/4)$ 表示。表 4-2 列出了信码与合成向量的关系。对这个表进行分析不难发现，两个合成向量 $\sin(\omega_C t -$

π/4）和 cos（$\omega_C t - \pi/4$）的极性分别与两位信码 A 和 B 有对应的关系，如 A = 1，则 sin（$\omega_C t - \pi/4$）的极性为"－"，否则为"＋"；B = 1，cos（$\omega_C t - \pi/4$）的极性为"－"，否则为"＋"。

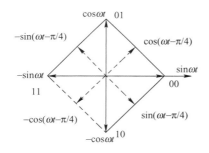

图 4-18　π/2 系统的 4PSK 信号向量图

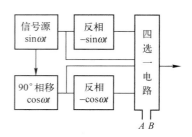

图 4-19　4PSK 信号产生器原理图

根据表 4-2 设计的 4PSK 调制器与相应的解调器如图 4-20 所示。

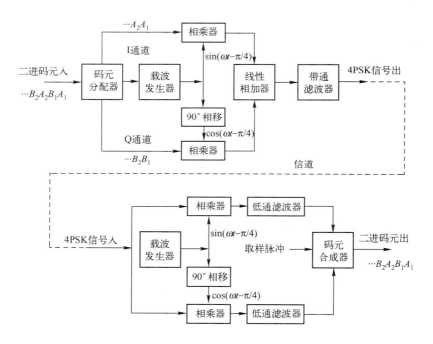

图 4-20　4PSK 调制与解调器原理框图

4.1.5　多进制正交幅度调制

在同样的码元速率下，4PSK 的传信率是 2PSK 的 2 倍，但是由于 4PSK 相邻状态之间的相位差（π/2）要比 2PSK 的相位差（π）小，解调时出现错误判决的可能性就要大，同样，8PSK 的传信率更高，但误码率也会更大；当信号的最大幅度相同时，4ASK 的误码率要比 2ASK 的大。如果从图 4-13 和图 4-18 中分析这些信号的矢量关系，不难发现，接收端对这些信号相邻状态的分辨能力与它们的矢量端点之间的间隔有关，间隔越大，越容易分辨，也就是越不易受干扰的影响。例如，2PSK 两个相邻状态的相位差为 π，当发送端发送 1 码时，信号的相位（相对于载波）为 π，尽管在传输过程中受干扰的影响其相位发生了变化，但只要相位在 π±π/2 的范围内（图 4-21（a）中的阴影），接收端仍能将其正确地解调，因此 2PSK 的噪声容限为 ±π/2，4PSK 的噪声容限为 ±π/4（图 4-21（b）），8PSK 的噪声容限为 ±π/8（图 4-21（c）），矢量图上相邻端点的相位间隔越小，噪声容限也越小；ASK 信号也有同样的情况。设信号最大电平为 L，2ASK 的噪声容差为 ±L/2（图 4-21（d）），4ASK 的噪声容限为 ±L/6（图 4-21（e）），8ASK 的噪声容差为 ±L/14，矢量图上相邻端点的幅度间隔越小，噪声容差也越小。显然，矢量图上各端点之间的平面距离决定了信号的噪声容限。PSK 和 ASK 只是从相位和幅度上将信号的各种状态区分开来，它们的幅度和相位是相同的。如果既从相位上、同时又从幅度上使信号相邻状态有区别，那么在相同的进制数下，可以得到较大的噪声容差，也就可以得到较小的误码率。这就是正交幅度调制的基本概念。

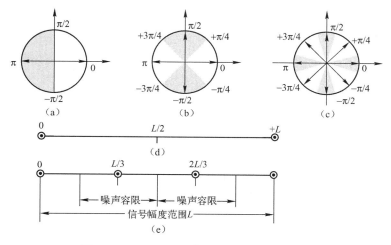

图 4-21　PSK、ASK 信号的噪声容限示意图

若利用正交载波技术传输 ASK 信号，可使频带利用率提高一倍。如果再把多进制与正交载波技术结合起来，还可进一步提高频带利用率。能够完成这种任务的技术称为正交振幅调制（QAM，Quadrature Amplitude Modulation）。

QAM 是用两路独立的基带信号对两个相互正交的同频载波进行抑制载波双边带调幅，利用这种已调信号的频谱在同一带宽内的正交性，可实现两路并行的数字信号的传输。该调制方式通常有二进制 QAM（4QAM）、四进制 QAM（16QAM）、八进制 QAM（64QAM）、……。目前数字微波中广泛使用的 256QAM 的频带利用率可达 8bit/s/Hz，是 2ASK 的 8 倍。

QAM 调制效率高，要求传送途径的信噪比高，适合有线电视电缆传输，美国的地面微波链路和欧洲的电缆数字电视均采用 QAM 调制。

为便于观察，可以在矢量图上只画出各矢量的端点，这个图称为星座图。图 4-22 是两种正交幅度调制（16QAM 和 16APK，Amplitude Phase Keying，幅相键控）的星座图，其中 16APK 各星点的分布更合理，被推荐为国际标准星座图，用于在语音频带（300～3400Hz）内传送 9600bps 的数据。

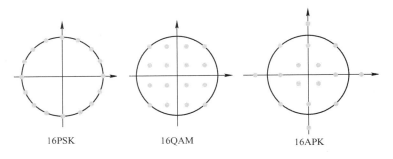

图4-22 16PSK、16QAM、16APK的星座图

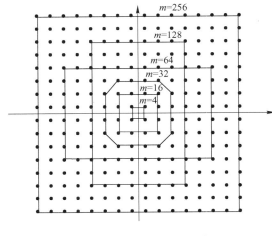

图4-23 MQAM 星座图

目前，正交幅度调制正在得到日益广泛的应用。它的星座图常为矩形或十字形，如图4-23所示。其中当 $M = 4$、16、64、256时，其星座图为矩形，而当 $M = 32$、128时则为十字形。前者 M 为2的偶次方，即每个符号携带偶数个比特信息；后者为2的奇次方，每个符号携带奇数个比特的信息。

MQAM（Multi-Level Quadrature Amplitude Modulation，多进制正交幅度调制）调制器的一般方框图如图4-24所示。图中串并联转换电路将速率为 R_b 的输入二进制码序列分成速率为 $R_b/2$ 的两个双电平序列；2—L电平变换器将每个速率为 $R_b/2$ 的双电平序列变成速率为 $R_b/\log_2 M$ 的 L 电平信号，然后与两个正交载波相乘，再相加即得到MQAM信号。由于调制器中采用了两个正交载波（即 $\sin\omega_c t$ 和 $\cos\omega_c t$），并且调制信号的幅度是多电平的，故称为多进制正交幅度调制。

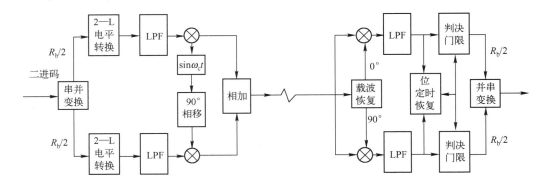

图4-24 MQAM 调制器与解调器功能框图

实际上，MPSK也可用正交调制的方法产生，不同的是：MPSK在 $M > 4$ 时，同相与正交两路基带信号的电平不是互相独立的而是互相关联的，以保证合成矢量点落在一个圆上；而MQAM的同相和正交两路基带信号的电平是互相独立的。

MQAM 信号的解调采用正交的相干解调法，其方框图也画在图 4-24 中。同相和正交的 L 电平基带信号经过有（L-1）个门限电平的判决器判决后，分别恢复出速率等于 $R_b/2$ 的两路二进制序列，最后经串并转换器将两路二进制序列合成一路速率为 R_b 的二进制序列。

调制过程表明，MQAM 信号可以看成是两个正交的抑制载波双边带调幅信号的相加，因此，MQAM 的功率谱取决于同相和正交两路基带信号的功率谱，其带宽是基带信号的两倍。在理想情况下，MQAM 与 MPSK 的频带利用率[①]均为 $\log_2 M$（bit/Hz）。例如，16QAM（或 16PSK）的最高频带利用率为 4bit/Hz。可见，MQAM 是一种高速率的调制方式。

另外，在多电平正交调制中，同相和正交两路基带信号都采用部分响应信号[②]（通常采用第 I 类和第 IV 类部分响应信号），由此而产生的多电平的幅度和相位联合调制构成一类特殊的调制方式叫正交部分响应幅度调制，记做 MQPR。

4.1.6　最小频移键控（MSK）

最小移频键控（MSK，Minimum Shift Keying）是移频键控（FSK）的一种改进型。在 FSK 方式中，相邻码元的频率不变或者跳变一个固定值。在两个相邻的频率跳变的码元之间，其相位通常是不连续的。MSK 是对 FSK 信号作某种改进，使其相位始终保持连续不变的一种调制。

与其他形式的 2FSK 相比，MSK 具有一系列优点。如传输带宽小，信号是恒包络信号，功率谱性能好，具有较强的抗噪声干扰能力，特别是 MSK 的几种改进型技术，大量用于移动无线通信，抗衰落性能好。

4.1.7　高斯最小频移键控（GMSK）

GMSK（Gaussian Qiltered Minimum Shift Keying）是从 MSK 发展起来的一种技术。为了抑制 MSK 的带外辐射、压缩其信号功率，可在 MSK 调制器前加入高斯低通预调制滤波器。让基带信号先经过高斯滤波器滤波，使基带信号形成高斯脉冲，之后进行 MSK 调制，这就是 GMSK 调制技术的原理。

GMSK 提高了数字移动通信的频谱利用率和通信质量，已被确定为欧洲新一代移动通信的标准调制方式。

4.1.8　调制解调器

由于现有的通信系统主要是模拟通信系统，因此在目前阶段最经济的方法是利用数据调制解调器（Modem）借助模拟系统进行数据传输。图 4-25 是一个在利用模拟信道的数据传输系统组成框图，典型的例子是在公共交换电话网（PSTN，Public Switched Telephone Network）中进行计算机数据、传真数据等信号的传输。所谓调制解调器就是将调制器与解调器合二为一的通信设备，它除要完成数据的调制与解调外，还具有定时、波形形成、位同步与

---

①　频带利用率定义为单位频带宽度所传送的信息量。它是衡量数字调制、编码有效性的一个重要指标。
②　参见《现代通信原理》第九章，曹志刚、钱亚生编，清华大学出版社出版。

载波恢复及相应的接口控制功能，有的还要求有 AGC 和线路群延时特性均衡器等单元，以提高数据传输的质量和可靠性。

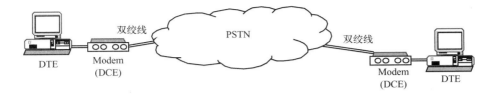

图 4-25　Modem 在拨号网络中的应用示意图

目前正在使用的调制解调器有很多种类，其最基本的参数是传输的数据速率、工作方式和对信道的要求。表 3-11 列出了 CCIT T 和美国贝尔（BELL）有关 Modem 的建议和标准。

表 4-3　CCIT T 关于 Modem 的建议及相应的标准

CCITT 建议	数据率 （b/s）	调制 方式	工作 方式	信　　道	相应的 BELL 标准
V. 21	~200/300	FSK	双工	交换电路	103
V. 22	1200	4DPSK	双工	交换电路和租用电路	212
V. 23	~600/1200	FSK	半双工	交换电路	202
V. 26	2400	4DPSK	全双工	四线租用电路	201
V. 26bis	2400/1200	4/2DPSK	半双工	交换电路	201
V. 27	4800	8DPSK	全、半双工	租用电路（手动均衡）	208
V. 27bis	4800/2400	8/4DPSK	全、半双工	四/二线租用电路（自动均衡）	208
V. 27ter	4800/2400	8/4DPSK	半双工	交换电路（自动均衡）	208
V. 29	9600	16A-PSK	全、半双工	租用电路（自动均衡）	209
V. 32	9600/4800	32/16QAM	全双工	二线交换或租用电路（自动均衡）	
V. 33	14.4k/1.2k	128/64QAM	全双工	四线租用电路	
V. 35	48k	抑制边带 AM	半双工	宽带电路（60~108kHz）	
V. 36	64k	抑制边带 AM	半双工	宽带电路（60~108kHz）	

4.2　频分多路复用

基带信号对载波进行调制后其频谱被搬到了载波的两边，载波频率不同，调制后频谱的位置也不同。利用调制的这一特点，我们可以将多个基带信号（例如语音信号或数字基带信号）对不同频率的载波进行调制，使它们在频率轴上处于不同的位置，然后将它们叠加在一起进行处理（如调制、放大等）并在一个信道中传输。在接收端，用不同中心频率的带通滤波器进行分离，再用各自的解调器解调后恢复原来的基带信号。以这种方式实现多路信号在一个信道中传输的技术称为频分多路复用（FDM，Frequency Division Multiplexing）。

图 4-26 是一个频分多路复用系统的组成框图。图 4-26（a）中 N 路基带信号分别通过低通滤波器限制带宽，然后送入相应的调制器对频率为 f_1、f_2、……f_N 的载波进行调制。各

载波之间有一定的频率间隔，以保证已调波的频谱不发生重叠。合路器将多个已调波混合成一路，并将这个多路复用信号当做一路基带信号对高频载波 f_c 进行调制，最终送入信道。

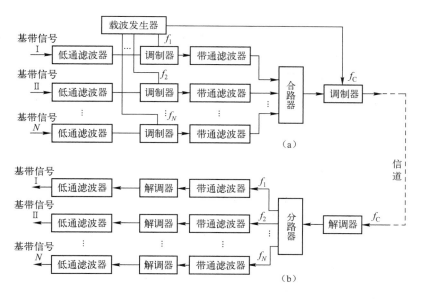

图 4-26　频分多路复用系统组成框图

图 4-26（b）是接收部分的组成框图，它与发送部分是对应的。解调器对接收到的信号进行解调，得到频分复用信号，由分路器将复用信号送入中心频率分别为 f_1、f_2、…、f_N 的带通滤波器。带通滤波器的中心频率与发送端各载波的频率是一致的，它将其他各路信号以及传输过程中引入的干扰滤除，输出一个较为纯净的单路已调信号。最终各个解调器对每一路信号进行解调恢复原基带信号。

频分多路复用更多地用于模拟通信系统中，并且可以进行多层的频分复用。图 4-27 表示用于卫星通信的 CCIT T900 路主群各级频分复用的情况。一个 CCIT T900 路主群由 15 个超群构成，每个超群又由 5 个基群构成，每个基群由 12 个语音基带信号复合而成，总的信号数为 $15 \times 5 \times 12 = 900$ 路。每一路信号的频率范围为 300～3400Hz，900 路主群的频率范围从 308kHz 到 4028kHz，带宽约 4MHz。

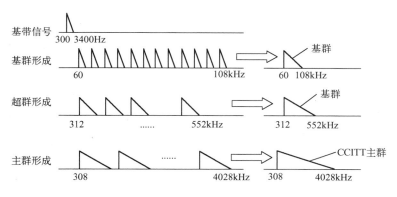

图 4-27　CCITT900 路主群的频谱构成示意图

4.3 扩频技术

信道中不可避免地会存在着干扰与噪声，并且信道的频带宽度也总是有限的，因此信道传送信码的能力会受噪声和带宽的限制。信道的极限传输能力（也就是信道最大的信息传输速率）称为信道容量，当系统传输的信息速率超过信道容量时，系统误码率将会大大增加。香农公式指出了信道容量 C 与信道带宽 B、信噪比 S/N 的关系

$$C = B\log_2\left(1 + \frac{S}{N}\right)\text{bps}$$

上式表明，增加信道的传输带宽或提高信号传输的信噪比都可以增加信道容量，或者说，为了达到一定的信道容量，要么增加信道传输带宽，要么提高传输信噪比。但是，由于噪声是在外界产生的，受客观条件的限制很难改变，因此提高信噪比的措施主要是增大发射机的输出功率，但增大发射功率会导致对其他通信系统的干扰，也会增加发射机的能源消耗，在有些情况下是不可取的。从信号的角度看，如果将信号的频带展宽（当然传输系统要提供相应的带宽），就可以在信号功率较小而干扰或噪声较大的情况下获得较低的误码率。扩频技术正是基于香农公式而发展的一种通信技术。

扩频技术是扩展频谱技术的简称，它是一种伪噪声编码通信技术。扩频可以直接对基带信号进行，称为直接扩频；也可以对已调信号进行，称为跳频。无论是直接扩频还是跳频，都要用到一种特别的码，即伪随机（PN，Pseudo Noise）码。

4.3.1 PN 码

PN 码序列是一种人为制造的，特性与白噪声类似的信号，它是一种具有特殊规律的周期信号。图 4-28 是一个周期为 31 的 PN 码序列，在一个周期内"1"或"0"码的出现似乎是随机的。PN 码序列的这种特性称为伪随机性，因为它既具有随机序列的特性，又具有一定的规律，可以人为地产生与复制。

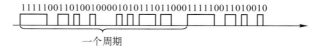

图 4-28　周期为 31 的 PN 码序列

图 4-29 是一个由 5 级移位寄存器通过线性反馈组成的 PN 码序列产生电路。图中，每一级移位寄存器的输入码（1 或 0）在 CP 脉冲到来时被转移到输出端，而 D1 的输入是 D2 输出与 D5 输出的模 2 加的结果。表 4-4 是各个 CP 脉冲周期内每一个移位寄存器的输出状态。

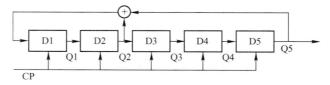

图 4-29　PN 序列发生器

表 4-4　PN 序列产生器工作状态表

CP周期	\\ 移位寄存器输出 Q1	Q2	Q3	Q4	Q5	CP周期	\\ 移位寄存器输出 Q1	Q2	Q3	Q4	Q5	CP周期	\\ 移位寄存器输出 Q1	Q2	Q3	Q4	Q5
1	1	1	1	1	1	12	0	0	1	0	0	23	1	0	1	1	1
2	0	1	1	1	1	13	0	0	0	1	0	24	1	1	0	1	1
3	0	0	1	1	1	14	0	0	0	0	1	25	0	1	1	0	1
4	1	0	0	1	1	15	1	0	0	0	0	26	0	0	1	1	0
5	1	1	0	0	1	16	0	1	0	0	0	27	0	0	0	1	1
6	0	1	1	0	0	17	1	0	1	0	0	28	1	0	0	0	1
7	1	0	1	1	0	18	0	1	0	1	0	29	1	1	0	0	0
8	0	1	0	1	1	19	1	0	1	0	1	30	1	1	1	0	0
9	0	0	1	0	1	20	1	1	0	1	0	31	1	1	1	1	0
10	1	0	0	1	0	21	1	1	1	0	1	2					
11	0	1	0	0	1	22	0	1	1	1	0						

　　PN 码与普通的数字序列相比更易于从其他信号或干扰中分离出来，且有良好的抗干扰特性。

　　PN 码的类型有多种，其中最大长度线性移位寄存器序列（简称 m 序列）性能最好，在通信中普遍使用。m 序列的最大长度决定于移位寄存器的级数，若 n 为级数，则所能产生的最大长度的码序列为 $2^n - 1$ 位。m 序列的码结构决定于反馈抽头的位置和数量。不同的抽头组合可以产生不同长度和不同结构的码序列，但也有一些抽头组合并不能产生最长周期的序列。现在已经得到 $3 \sim 100$ 级 m 序列发生器的连接图和所产生的 m 序列的结构。

4.3.2　直接序列扩频

　　直接序列（DS，Direct Sequence）扩频是一种应用较多的扩频技术，简称直扩，它直接用具有高码元速率的 PN 码序列在发送端扩展基带信号的频谱，在接收端用相同的 PN 码序列进行解扩，把展宽的扩频信号还原成原始的信息。图 4-30 为直接扩频系统的组成与原理框图。图中，数字基带信号首先与 PN 码序列相乘，得到被扩频的信号（仍为数字基带信号），随后与正弦载波相乘并通过带通滤波器，得到射频宽带信号。在接收端，信号经带通滤波器滤波后先与本地载波相乘进行相干检波，得到基带扩频信号，然后再与 PN 码相乘解扩，恢复原始数字基带信号。

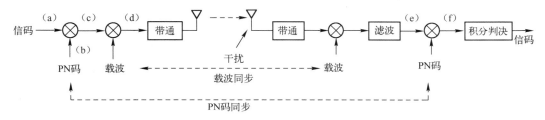

图 4-30　直接扩频系统组成框图

图 4-31 从波形的角度描绘了利用 PN 码对信号进行频谱扩展的过程。图 4-31（a）是要传输的信码，其码元长度为 T_b；图 4-31（b）为 PN 码序列，它的每一个码元称为码片，码片之间的间隔为 T_c；图 4-31（c）为扩频后的信号，它是信码波形与 PN 码序列相乘的结果。

经过扩频的信码每一个码元由多个码片构成（图中是 12 个，实际上更多），从波形上看脉冲的宽度小了，因而信号的频谱展宽，这也是将这种技术称为扩频技术的原因。

图 4-31（c）的信号如果传送到接收端，接收端用完全相同的 PN 码对它进行解调（只要再相乘一次），就可以恢复出如图 4-31（a）的信码。

由于直扩基带信号采用双极性 NRZ 波形，因此实际上直扩基带信号与正弦载波相乘就是 PSK 调制。图中载波、数据与 PN 码三者之间都是相乘关系，相乘次序的变化不影响结果，因此实际的发送设备中可能是先将数据进行 PSK 调制得到窄带的射频信号，再进行扩频，同样接收设备也可能是先解扩，再进行 PSK 解调。

图 4-32 是从频谱角度对直接扩频系统工作过程的描述。图 4-32（a）是基带信号的频谱，这是一个窄带信号；图 4-32（b）是 PN 码序列的频谱，其带宽要比信号宽得多；两者相乘后信码的频谱被展宽，但频谱密度大大降低，如图 4-32（c）；正弦调制后基带信号的频谱被搬移到载波的两边，如图 4-32（d）。在接收端，解调后得到原扩频信号，频谱如图 4-32（c）；解扩后得到信码，频谱如图 4-32（a）。

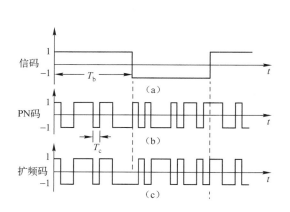

图 4-31 用 PN 码进行频谱扩展的原理示意图

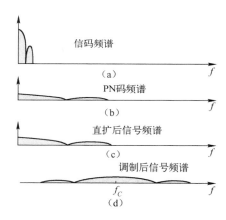

图 4-32 直接扩频的频谱描述

扩频调制技术最显著的特点是具有很强的抗干扰性能，图 4-33 从频域的角度解释了直扩系统的抗干扰原理。实际上，通信系统中必定存在着各种各样的干扰与噪声，图 4-33（a）画出了三种主要的干扰与噪声，分别是窄带干扰、背景噪声和其他用户干扰。窄带干扰主要由其他窄带通信系统产生，特点是频带窄，幅度大；背景噪声来于多种干扰源，其频谱分布均匀，所有频率上都存在；其他用户干扰指的是来自于相近频率的其他扩频系统的干扰，或是同一系统中其他用户发送的信号。

① 对窄带干扰的抑制：窄带干扰通过接收机的解调器后频谱搬到了较低处，它与 PN 码序列相乘后频谱被扩展，但频谱密度大大下降，经过低通滤波器后只有极少部分的干扰能进入解扩后的系统中；

② 对背景噪声的抑制：背景噪声经过解调器后变成低频的噪声，其频谱仍然是均匀分

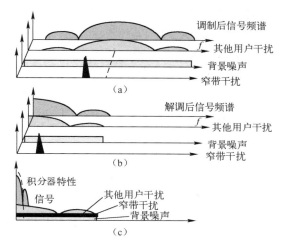

图 4-33　扩频系统的抗干扰原理示意图

布的。与 PN 码相乘后其频谱密度变化不大，因此也只有在低通滤波器带宽内的噪声能进入后面的系统；

　　③ 对其他用户干扰的抑制：以同一系统中其他用户为例，当接收机收到来自于其他用户的信号，该信号使用的 PN 码序列与接收机产生的 PN 码序列相同但相位不同，两者相乘并积分后输出很小，如图 4-34 所示，对信号的正常接收几乎不产生影响。由此可见，采用扩频技术的通信系统，发送端与接收端之间必须使用相同的 PN 码（包括相位也相同）。如果每一个接收端使用预先规定的不同相位的 PN 码，发送端改变 PN 码的相位就可与不同的接收端进行通信，因此实际系统中可以用每一种 PN 码序列作为数字终端的地址进行多址通信，这种多址技术称为码分多址（CDMA）。

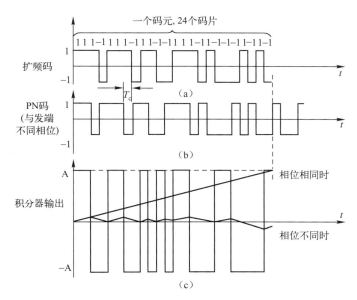

图 4-34　用不同相位的 PN 码解扩的结果分析示意图

扩频系统接收端与发射端必须实现信息码元同步、PN码元和序列同步、射频载频同步，只有实现了这些同步，系统才能正常地工作。PN码同步系统的作用是要实现本地产生PN码与接收到信号中的PN码同步，在频率上相同，相位上一致。同步过程包含两个阶段，即搜索阶段和跟踪阶段。搜索就是把对方发来的信号与本地信号在相位上的差异纳入同步保持范围内，在PN码一个码元内，一旦完成这一阶段后，则进入跟踪过程，无论何种因素使两端的频率和相位发生偏移，同步系统都要加以调整，使收发信号保持同步。

4.3.3　跳频

在扩频通信中，另一种最常用的扩频方式是跳频。在二进制FSK系统中，1码与0码表现为两个不同频率的载波，分别计为f_1和f_2，跳频系统在FSK的基础上使f_1和f_2以相同的规律作随机跳变，也就是说，实际的发送频率是

$$f_t = f_N + f_1 \quad （当发送1码时）$$
$$f_t = f_N + f_2 \quad （当发送0码时）$$

这里f_N是按伪随机变化的频率，通常可由PN码控制频率合成器产生。图4-35是跳频发射机与接收机的组成框图。图4-35（a）中，信码经FSK调制后送到混频器进行混频，与普通的发射机不同的是，用于混频的本振信号是由频率合成器产生的频率随机变化的正弦波，其变化的规律受PN码的控制；图4-35（b）是一个超外差接收机，其本振也是一个随机变化的正弦波，其变化规律受到与发射机同步的PN码的控制，这样，尽管接收到的信号是一个载频在随机跳变的信号，但由于本振以相同的规律跳变，两者在混频器中相减的结果则是一个固定的中频（f_1或f_2）。

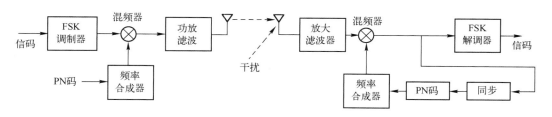

　　　　（a）跳频信号产生电路示意图　　　　　　　　　　（b）跳频信号接收电路示意图

图4-35　跳频信号的产生与接收示意图

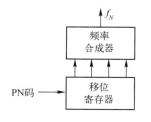

图4-36　PN码对频率合成器
的控制示意图

频率合成器是一种能产生多个频率点的高稳定度的正弦信号源，在通信系统中被广泛地应用。频率合成器的输出频率可以受并行输入的二进制代码控制，如图4-36所示。串行输入的PN码经过移位寄存器后并行输出，每输入一位PN码就有一组码输出，相应控制频率合成器输出一个频率。设频率合成器的输入码组长度为4，其输出频率有16种，若用周期为31的PN码，则各个时钟周期内PN码与频率合成器的输出频率f_N对照如表4-5所示。

表 4-5　PN 码与频率合成器输出对照表

时钟周期	移位寄存器输出				f_N	时钟周期	移位寄存器输出				f_N	时钟周期	移位寄存器输出				f_N
1	1	1	1	1	f_{15}	12	0	0	1	0	f_2	23	1	1	1	0	f_{14}
2	1	1	1	1	f_{15}	13	0	1	0	0	f_4	24	1	1	0	1	f_{13}
3	1	1	1	0	f_{14}	14	1	0	0	0	f_8	25	1	0	1	1	f_{11}
4	1	1	0	0	f_{12}	15	0	0	0	0	f_0	26	0	1	1	0	f_6
5	1	0	0	1	f_9	16	0	0	0	1	f_1	27	1	1	0	0	f_{12}
6	0	0	1	1	f_3	17	0	0	1	0	f_2	28	1	0	0	1	f_8
7	0	1	1	0	f_6	18	0	1	0	1	f_5	29	0	0	0	1	f_1
8	1	1	0	1	f_{13}	19	1	0	1	0	f_{10}	30	0	0	1	1	f_3
9	1	0	1	0	f_{10}	20	0	1	0	1	f_5	31	0	1	1	1	f_7
10	0	1	0	0	f_4	21	1	0	1	1	f_{11}	32	1	1	1	1	f_{15}
11	1	0	0	1	f_9	22	0	1	1	1	f_7	33	1	1	1	1	f_{15}
周期为 31 的 PN 码序列：1111100110100100001010111011000																	

根据表 4-5 可以画出发射机与接收机各点频率随时间变化关系图，如图 4-37 所示。

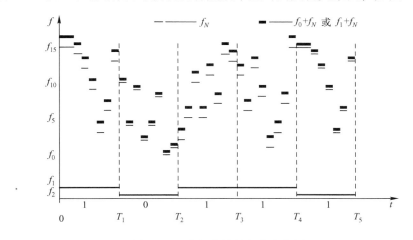

图 4-37　跳频信号的频率变化图

图 4-37 中，在 $0 \sim T_1$ 时刻，信码为 1，BPSK 信号的频率为 f_1。在这段时间内，f_N 变化了 8 次（如图中虚线段所示），所以实际发送的信号的频率是分 8 段变化的频率（图中粗线段所示），每一小段的发送频率都比 f_N 高了 f_1；在 $T_1 \sim T_2$ 时刻，信码为 0，BPSK 信号的频率为 f_2，f_N 又随机变化了 8 次，这段时间内发送的信号频率也是分 8 小段变化，每一小段的发送频率比 f_N 高了 f_2。

图中粗线段表示跳频系统发送信号的频率，这个图称为跳频图案。从跳频图案中可以看到，发送的信号频率变化似乎是随机的，但实际上它有一定的规律，主要决定于控制 f_N 产生的 PN 码。经过一个 PN 码周期后，f_N 重复变化，跳频图案也会重复出现（实际上，因为信码的变化，一个 PN 码周期后跳频图案还是与前一周期不同）。

跳频速率通常等于或大于信息码速率。图 4-37 中的跳频速率是信码速率的 8 倍。如果每个码有多次跳频，称为快跳频，如果跳频速率与码率相同则称为慢跳频。

在跳频信号的接收端，为了对输入信号解跳，需要有与信号发送端相同的且时间上同步的本地 PN 码序列发生器产生的 PN 码序列去控制本地频率合成器，使其输出的跳频信号能在混频器中与接收到的跳频信号差频出一个固定中频信号来。中频信号经 BFSK 解调器恢复出原信息，其原理框图如图 4-35（b）所示。接收机中的同步电路用于保证它所产生的 PN 码与发送端产生的 PN 码在时间上同步，即有相同的起止时间。

本章小结

数字基带信号经过正弦调制后变成频带信号，可以在具有带通特性的信道中传输。基本的数字调制一般采用"键控"的方式进行，主要有 ASK、FSK、PSK 和 DPSK 等几种。为了提高信道的利用率，或在较窄的频带范围内传输较高速率的数字信号，有的通信系统采用了多进制调制。在相同的信号功率条件下，多进制调制的抗干扰能力优于二进制调制。

ASK：以正弦波表示信码"1"，以零电平表示信码"0"。通过对信号幅度过零的检测可以解调 ASK 信号。

FSK：以频率为 f_1 的正弦波表示信码"1"，以相同幅度、频率为 f_2 的正弦波表示信码"0"。通过对信号频率的检测可以解调 FSK 信号；

PSK：以初相位为 0（相对于某一正弦波基准）的正弦波表示信码"1"，以初相位为 π（相对于同一基准）的正弦波表示信码"0"，两者的频率相同。接收端与发送端应有相同的正弦波基准，通过信号与基准的相位比较可以解调 PSK 信号；

DPSK："1"码和"0"码均以相同频率的正弦波表示，以相邻码元正弦波相位的变化与否表示信码"1"和"0"。接收端通过对相邻两相码元的相位进行比较可以解调 DPSK 信号。

上述四种调制方式中，FSK、PSK 和 DPSK 为等幅波。在相同的码元速率条件下，ASK、PSK 和 DPSK 信号的带宽相同，均为基带信号带宽的两倍，FSK 信号的带宽大于 2 倍的基带信号带宽。

为了提高信道的利用率，或在较窄的频带范围内传输较高速率的数字信号，有的通信系统采用了多进制调制。另外，还有一些常用的改进型数字调制技术，如正交振幅调制（QAM）、最小频移键控（MSK）、高斯最小频移键控（GMSK）等。

如果将多路数字（也可以是模拟）信号对不同频率的载波进行调制，使各种信号的频谱不重叠，就可以进行多路信号在一个信道中的合路传输，这种方式称为频分多路复用。

扩频通信是近年来在信道干扰较严重或信道传输特性随时间变化的通信系统中应用较多的一种新技术。扩频通信主要有直接序列扩频和跳频两种方式，采用扩频通信技术可以有效地降低信道中干扰与噪声对信号的影响，并且使通信具有一定的保密性。

思考题与习题

4.1　数字基带信号经过 _____ 之后变成了 _____ 信号，可以在带通信道中传输。

4.2　ASK、FSK、PSK 和 DPSK 四种信号，＿＿＿＿＿＿ 是非等幅信号，＿＿＿＿＿＿ 信号的频带最宽。

4.3　已知一数字基带信号的频带宽度 $B = 1200\text{Hz}$，载波频率 $f_1 = 500\text{kHz}$，$f_2 = 503\text{kHz}$，则 ASK 信号的带宽 $B_{\text{ASK}} = $ ＿＿＿＿＿＿ Hz，FSK 信号的带宽 $B_{\text{FSK}} = $ ＿＿＿＿＿＿ Hz，PSK 信号的带宽 $B_{\text{PSK}} = $ ＿＿＿＿＿＿ Hz，D_{PSK} 信号的带宽 $B_{\text{DPSK}} = $ ＿＿＿＿＿＿ Hz。

4.4　FSK 中，两个载波频率越接近，信号的带宽越小，问频差是否可以无限小？为什么？

4.5　画出下列信码的 ASK、FSK、PSK、DPSK 波形（码元速率为 1.2kB/s，载波频率为 2.4kHz）。

101 10011110101

4.6　试将图 4-38 DPSK 波形译成信码。如果这是 PSK 波形，则信码又是怎样？

图 4-38　题 4.6 图

4.7　为什么要进行数字调制？常用的数字调制方式有哪几种？

4.8　从频谱上看 PSK 与 ASK 有哪些区别？

4.9　画出下列代码的 4PSK 和 4DPSK 波形。

101100110100

4.10　一个 128QAM 系统的码元速率为 9.6 kB/s，其传信率为多少？

4.11　Modem 用于哪一种场合？目前市售的 Modem 最高信息传输速率是多少？

4.12　在 FDM 系统中，各路信号是如何区分的？试论在 FDM 系统中如何防止各路信号之间的相互干扰。

4.13　扩频通信的优点有哪些？有哪几种扩频方式？

4.14　在扩频通信系统中为什么要采用 PN 码？

4.15　两个相互正交的信号可以用什么方式进行分离？

第5章
数字传输系统

在通信网络中，任意两点之间都需要有传输系统来实现信号的传递，因此传输系统是通信网络的基本组成单元，在整个通信网络中它被看做是一条通信链路（Link）。

数字传输系统的构成包括各种收发设备、信道以及为保障系统正常运行所必要的规程和协议。在数字通信系统中，信道对系统的特性影响是决定性的，各种收发设备的设计目标从某种意义上说是为了实现数字终端设备与信道的匹配、发挥信道最大的传输效率并确保有最高的传输可靠性。

由于可用于信号传输的信道有多种，如双绞线信道、无线信道、同轴电缆信道、光纤信道等，因此数字通信系统相应地也有基于双绞线的数字传输系统、数字无线传输系统、卫星通信系统以及光纤通信系统等。本章将重点对这些系统进行介绍。

5.1　基于双绞线的数据传输系统

双绞线原用于电话网中模拟语音的传输，各家各户的固定电话与端局交换机之间的线路均采用双绞线，目前它仍是世界上最长的通信线路。随着数字化终端（如计算机、传真机、数字电话机等）的出现与普及，特别是互联网的快速发展，大量的家庭与单位用户已不满足于电话业务，利用现有的双绞线进行数字终端的接入是最经济简便的方法。目前基于双绞线的数据传输系统大致有以下三类。

（1）不改变电话网的结构，在用户终端之间引入 Modem 将数据信号转化为与语音信号类似的模拟信号（信号的频率范围限制在 300～3400Hz）；

（2）利用现有的双绞线，对端局交换机的用户电路部分进行改造，数据信号以数字方式在线路中传输，典型的例子是 xDSL、ISDN；

（3）用于局域网（LAN）内各终端之间的数据传输。

5.1.1　双绞线

双绞线（Twisted Pair）是由两根相互绝缘的铜导线按照一定的规则互相缠绕在一起而成的网络传输介质。双绞线虽不是最好的传输介质，但它价格低廉且已被广泛应用。双绞线的性能取决于双绞线的各种参数，EIA/TIA—568—A（商用楼布线标准）将双绞线分为两种类型：非屏蔽双绞线（UTP，Unshielded Twisted Pair）与屏蔽双绞线（STP，Shielded Twisted

Pair），UTP 标准有 5 类，目前只有 3 类（音频级）和 5 类（数据级）线用于数据通信。如图 5-1 所示。STP 是带有金属屏蔽层的双绞线，它对外界的干扰有很好的抑制作用，但价格相对较高且工程安装比较困难，因而很少使用。

双绞线（UTP）之所以得到广泛的应用，是因为它具有以下特点。

（1）物理特性。双绞线线芯一般是铜质的，能提供良好的传导率。

（2）传输特性。双绞线既可以用于传输模拟信号，也可以用于传输数字信号。

（3）连通性。双绞线普遍用于点到点的连接，也可以用于多点的连接。

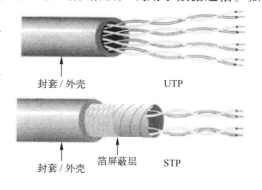

图 5-1　双绞线

（4）地理范围。双绞线可以很容易地在 15km 或更大范围内提供数据传输。

（5）抗干扰性。在低频传输时，双绞线的抗干扰性相当于或高于同轴电缆。

（6）价格远低于同轴电缆和光缆，且安装简单。

用于数据传输的双绞线一般是四对封装成一条电缆（一条电话电缆会包含更多对的双绞线），每对双绞线的特征阻抗都是 100Ω。双绞线的频带宽度与线规、线类及长度有关，3 类线 100m 的传输带宽为 16MHz，而 5 类线的 100m 传输带宽为 100MHz。

值得指出的是，线类标准不仅规定了线缆本身的质量标准，而且还对安装作了规定，因为线路中所有的连接件、线缆绞合的松紧、安装工艺都会对线路的传输性能产生影响。许多用户希望将 5 类线用于诸如 100Mbps 以太网这样的高速数据传输场合，但如果在安装过程中不注意就可能失败。

以 dB 值计算的双绞线的衰减量与其长度成正比，与 $f^{\frac{1}{2}}$ 成正比。例如，5 类 UTP 线在 1MHz 处的衰减为 2dB/100m，16MHz 处 8.2dB/100m，100MHz 处为 22dB/100m。特征阻抗为 150Ω 的 STP 的衰减要小于 UTP，典型值为 100MHz 处 12.3dB/100m，300MHz 处为 21.4dB/100m。

5.1.2　利用电话用户线进行数据传输

（1）电话网与模拟电话用户线

固定电话网是目前覆盖范围最广，业务量最大的通信网络。它以双绞线为传输介质，传统的固定电话网是用来传输模拟语音信号的。

电话网通过交换机（Exchange）和通信链路实现多个电话用户的相互通信。图 5-2 是一个电话网的示意图。图中，与用户直接相连的交换机称为市话交换机或端局交换机，它的传统业务是语音业务，所服务的区域一般在 3~5km 的半径范围内，通过双绞线与用户电话机连接。

电话网可以通过增加端局交换机来扩大服务区域，各交换机之间可以互连形成网型网或用汇接交换机连接形成星型网。汇接交换机是交换机的交换机，当距离很远时汇接交换机也称为长途交换机。交换机之间的线路称为中继线，各交换机之间的信号传输则采用光纤、同

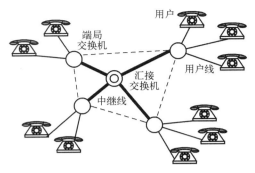

图 5-2　电话网示意图

轴电缆和微波等宽带的传输系统。

电话用户线是从普通电话用户到电信网端局交换机之间传送模拟信号的通信线路，它以 3 类 UTP 为传输介质。由于在端局交换机的用户电路中使用了低通滤波器，模拟电话用户线所能传输的信号频率范围为 300～3400Hz①。

用户电话机用一对双绞线（双线）接入电话网，另外用两对线（四线）分别与话筒和耳机相连，因此在同一对双绞线上必须传送双向同频的语音信号。在电话机中有一个混合回路（也称为"二－四"线转换器）用于实现出入信号的合路与分路。

（2）模拟电话用户线中的数据传输

利用模拟电话用户线进行数据传输时，首先必须将数据信号转换成频率范围为 300～3400Hz 的模拟信号，这个过程由调制解调器（Modem）完成。图 5-3 是一个利用公共交换电话网（PSTN）进行数字信号传输的示意图。图中，PSTN 各交换机之间已完全实现了信号的数字化传输与处理，这部分称为综合数字网络（IDN，Integrated Digital Network），它包含了各种数字交换设备、数字通信链路（局间中继线路）；IDN 与模拟用户线相连的部分是这个通信网中端局交换机与模拟用户线的接口电路，具有滤波、PCM 编解码等各种功能；数据终端是指用户的数字化终端，如计算机、传真机等。

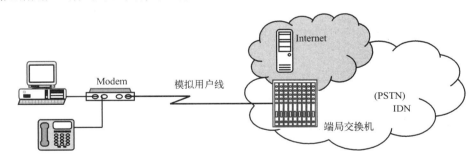

图 5-3　利用模拟用户线进行数据传输的示意图

调制解调器用于将由数据终端产生的数字信号进行正弦波调制，调制的方式通常有 FSK、PSK、16QAM 以及网格码等，同时也可将来自模拟用户线接口的已调信号进行解调。不同型号的 Modem 有不同的码元速率，CCITT 系列建议规定了在电话网上数据传输的有关电气、接口特性，操作规程，包括接口的物理属性和逻辑属性。选用调制解调器时，一般应采用 V 系列标准，ITU-T 已于 1998 年 2 月发布了名为 V.90 的 56Kbps 的调制解调器标准，几年前市场上用得较多的就是这种 Modem。

---

① 人的声音的频率范围大致为 50Hz～15kHz，能量主要集中在几百赫兹到几千赫兹，如果只传送其中的 300Hz～3.4kHz，就会有失真，但能保证有足够的语音清晰度。

5.1.3 利用数字用户线进行数据传输

由于使用调制解调器数据传输的速率较低，不能满足大量用户接入互联网的要求，用户线的数字化已成为近年来的热门技术，也是实现用户端到端的全数字式多媒体通信的关键。由于每个用户要承担各自用户线的费用，因此降低成本、提高传输速率、扩展新业务等都是在用户线数字化过程中必须考虑的问题。

数字用户线路（DSL）是以双绞线为传输介质的传输技术组合，它包括非对称数字用户线（ADSL）、高速数字用户线（HDSL）、对称数字用户线（SDSL）等，一般称之为xDSL。它们主要的区别是信号传输速度和距离不同以及上行和下行速率对称性不同这两个方面。

ADSL 属于非对称式传输线路，有效传输距离在 3～5km 范围以内，只需一对双绞线并且可以利用现有的用户环路，因此比较经济。对于一般用户来说，由于上传的数据量远小于下传的数据量，因此非对称传输也是合理有效的。比较而言，对称 DSL 更适用于企业点对点连接应用，如文件传输、视频会议等收发数据量大致相当的工作。同非对称 DSL 相比，对称 DSL 的市场要少得多。

为了解决 NRZ 波形含有直流分量、丢失同步信息、高频分量大等一系列问题，数字用户线上的用户终端侧和交换机侧的设备中都有成对出现的信道编解码器（如 AMI 码、2B1Q 码形成器）、均衡器、波形形成滤波器等电路。

（1）双工技术

利用一对双绞线进行双向的数字传输，主要有以下三种方法。

1）时分双工（TDD，Time Division Duplex）。时分双工又称时分法和时间压缩复用方式，即采用时分复用技术把从电话终端或数据终端送来的数字信号进行时间压缩和速率变换，变成高速窄脉冲串，利用中间空隙时间周期性地在一对线上交替传递，犹如打乒乓球一样。在接收端，这些高速的窄脉冲被扩展恢复成原来的数字比特流，如图 5-4 所示。

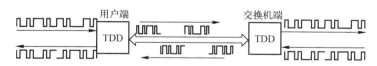

图 5-4 时分双工法数据双线双向传输示意图

2）回波抑制（Echo-Cancellation）。回波抑制又称单频双向方式，即采用 2/4 线混合网络，如同二线模拟传输一样，另加装发送信号回波抵消器，以防信号反射。

电话线路中的回波主要是由 2/4 线混合电路阻抗不匹配产生的近端回波和由于传输线路阻抗不匹配产生的远端回波合成的总回波干扰。回波抑制器采用自适应滤波器和加法器组成。自适应滤波器根据输入端的信号合成回波的估计值，在输出端将该估计值减去以达到回波抑制的目的。其原理示意图如图 5-5 所示。

利用回波抑制技术，就可以实现回波抑制方式的二线全双工数字传输。采用回波抑制技术的用户线传输系统技术上较为复杂，但采用这种传输方式时可达到的传输距离要比采用乒乓传输法（时分双工）的传输距离长。在采用 0.4mm 线径时，一般传输距离为 4km；采用

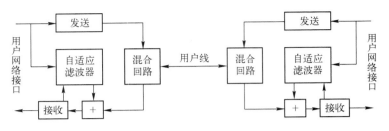

图 5-5　回波抑制法框图

0.5mm 的线径时，传输距离可达 5~6km。

3）双频双向。双频双向是双工通信中相对最为常用的方法。系统将信道按频率划分为两个（或多个）子信道，双方的发送设备各自将信号调制到不同的载波上进行发送，接收端用滤波器选择对方的信号进行接收，并对自己的信号进行隔离。

（2）非对称数字用户线

非对称数字用户线（ADSL）是近年来崭露头角的一种利用双绞线进行数字传输的技术。电话网中每一路电话通道的带宽约为 4kHz，这个带宽是通过交换机模拟接口电路中的滤波器形成的，仅就双绞线本身而言，其带宽可能达到几十万赫兹以上，实际带宽与线径、长度等因素有关。ADSL 正是利用了双绞线的这个特点，它允许在同一双绞线上，在不影响现有的普通电话业务的情况下，进行上下速率不同的非对称性高速数据传输，有效传输距离在 3~5km 范围以内。ADSL 系统中包含了从网络到用户的高速下行信道和从用户到网络的低速上行信道，因此在用户环路上就存在了 3 个信道（或频谱段），如图 5-6所示。

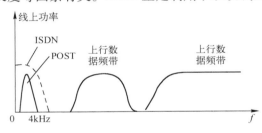

图 5-6　ADSL 系统的频率分配曲线图

POST 信道：用于传输普通电话业务，即使 ADSL 连接不成功，这个信道也不受影响，换言之，ADSL 保留了独立的普通电话业务；

上行数字信道：传输控制及反向应答信道，速率可达 384Kbps 或以上。

下行数字信道：传输高速数据，速率为 1.6~9.2Mbps。上下行数字信道速率的不同，构成不同的 ADSL 体系。

ADSL 传送数据的速度大大高于模拟用户线。例如，下载一个 0.5M 字节（Byte）的全球网主页，用 28.8Kbps 调制解调器需要约 2min，而用 ADSL 以 768Kbps 传输只需要 5.2s。

由于 ADSL 可以利用现有的电话线，所以它像公共电话一样，可在电话网中得到非常普遍的应用。实际上，用户只要购置一台 ADSL 调制解调器就可以申请开通 ADSL。在使用光纤和同轴电缆混合连接或光纤连接经济上不合算的地方，ADSL 可将少量用户接入宽带网络。ADSL 显著优点是容易安装，使用方便，成本低廉，每个用户的接入成本比光纤和直播卫星都低，与模拟接入相当，是近期内接入信息高速公路的理想手段。ADSL 的相关情况如下所示。

1）ADSL 标准。ADSL 标准的编号为 T1.413。此标准规定，ADSL 将提供下列多种传输通道。

① 高速单工通道，此通道提供 DS2[①] 速率（一般为 6Mbps）的下行数据率。该通道可分成 4 个 1.5Mbps 通道，两个 3Mbps 通道或 1.5Mbps 的任意倍数。

② 64Kbps 双工数据传输通道，可配合高速通道使用，可在用户和业务提供者之间进行交互式控制和信息传输。

③ 全双工通道，根据业务需要提供 160Kbps 和 576Kbps 速率。例如，用户以 384Kbps 的速率连接 ISDN（综合业务数字网）的基本速率或以 576Kbps 的速率接入高速链路。

2）ADSL 在宽带网络上的作用。目前暂时还没有使用光纤系统、光纤 – 同轴电缆混合系统、无线系统或其他宽带传输系统的地方，使用 ADSL 系统可为推广宽带业务提供一种经济实用的手段，以满足商业发展的需要和用户对通信的迫切需求。随着光纤在用户接入网中的应用增加，从端局或从光纤网络单元至用户的距离会越来越短，在这段线路上 ADSL 的传送速率可进一步提高。

3）ADSL 系统结构。ADSL 系统的基本结构如图 5-7 所示。在网络端（或电话端局）的 ADSL Modem 称为 ADSL 终端单元 C（ATU-C）以及分离器 C，图中分离器 C 与 ATU-C 装在一起。在用户端（或远端）的 ADSL Modem 称为 ADSL 终端单元 R（ATU-R）以及分离器 R，图中分离器 R 与 ATU-R 装在一起。ATU 包括必需的环路收发设备（调制解调器）、多路复用、系统和个别终端单元控制。分离器用来将 ADSL 信号（20kHz 以上）和基本的音频电话信号（4kHz 以下）接入和输出环路，并使两种信号分离开来。

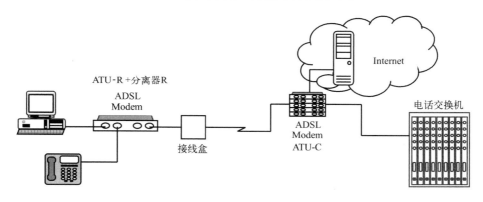

图 5-7 ADSL 系统的基本结构图

ATU-C 执行基本的多路复用、多路分解、发送、接收和系统控制功能，并对环路、网络传送层以及交换和操作系统提供接口。分离器 C 与 ATU-C 中的 ADSL 发射机、音频电话网和环路之间连接。分离器 R 在环路、ATU-R 中的 ADSL 收发信机、住所内电话线路和终端之间提供接口。

4）ADSL 的编码技术。ADSL 传输系统采用 ANSI T1 制定的 DMT 线码。DMT 实际上是一种 FDM 方式。输入的数据流被分配到 N 个有相同带宽但中心频率不同的子信道中，各信道之间相互独立，每个信道单独采用 QAM 调制；在存在噪声与干扰的环境下，每个子信道几乎都能达到理论上的信道容量极限；ADSL 调制解调器对每一个子信道都要进行测试，以获得最佳的传输效果。

---

① 二次群速率，4×1.544Mbps 或 4×2.048Mbps。

标准的 ADSL 系统有 256 个下行子信道，32 个上行子信道，每个信道的带宽均为 4.3125kHz，各子信道之间的中心频率差也为 4.3125kHz。

ADSL 系统的帧结构可以按 32Kbps 递增方式分配下行或上行信号。ADSL 系统既可以适应传统的同步数字系统传送速率，如 DS0（64Kbps）、T1（1.54Mbps）或 E1（2.048Mbps），还可以适应基于 ATM 的传输方式，如同步光纤网（SONET，Synchronous Optical Network）。

5）ADSL 与普通拨号 Modem 及 N-ISDN 的比较

① 比起普通拨号 Modem 的最高 56Kbps 速率，ADSL 的速率优势是不言而喻的。

② 与普通拨号 Modem 相比，ADSL 更为吸引人的地方是它在同一铜线上分别传送数据和语音信号，数据信号并不通过电话交换机设备，减轻了电话交换机的负载，并且不需要拨号，一直在线，属于专线上网方式，这意味着使用 ADSL 上网并不需要缴付另外的电话费。

5.2 数字无线传输系统

利用无线空间作为信道进行信息传输的通信系统称为无线电通信系统。一个最简单的例

图 5-8 无绳电话实物图

子就是无绳电话。家用的无绳电话实际上可以被看做是在座机与手机上各加了一对无线电收发设备，使两者之间形成一条无线链路，取代原来的导线连接，如图 5-8 所示。

无绳电话受到了许多用户的欢迎，因为通话者不需要到固定的位置打电话，可以在一定的范围内随意走动而不受绳路的牵制——各种无线电通信系统都有这样的优点。在通信双方之间受地理条件限制不便架设通信电缆（或光缆），或通信双方至少有一方处于移动状态等情况下，无线电通信成为不可替代的通信方式。

5.2.1 无线信道与电磁波传播

“无线电”的含义是电信号从信源到信宿的传输无须通过电缆，发送设备将信号通过天线送入外围空间，接收设备又通过天线接收这个信号。无线信道没有传输介质，信号在无线空间的传播以电磁波作为载体。

可用于无线传播的电磁波的频率大约是 $1.5 \times 10^4 \sim 3 \times 10^{11}$ Hz。无线空间的电磁波频率是全世界共有的资源，在使用电磁波频率时必须遵守各个国家的相关法律法规。

1. 电磁波

电与电磁波是相互关联的物理现象，一个电磁场包含了电场与磁场。所有的电路中都会有场，因为当电流流过一个导体时导体的周围会产生磁场，而有电压差的任意两点之间会产生电场，交变的电磁场会使周围的导体感应交变的电流。电场与磁场都有能量，但在电路中这两个场能都会回馈到电路中去，否则就意味着电磁能量至少有一部分向外界辐射，导致能量的损失。另一方面，这个辐射能对周围的电子设备产生干扰，称为电磁干扰（Electro Magnetic Inteference，EMI），或简称干扰。

与此相反，对无线电发射机来说，如何用天线将电磁能更有效地向外围空间发送是主要关心的问题之一，天线设计必须要避免电磁能回授到电路中，同时也要尽可将电磁波发向接收端所在的方向。

　　图 5-9 是一个电磁波传播示意图。图中的两种波相互垂直且交替变化。波的极化方向取决于电场分量的方向。在图 5-9 中电场 E 是垂直（沿 Y 轴负方向）的，因此这个波被称为垂直极化波，天线的指向决定了极化方向，垂直天线将产生垂直极化波。

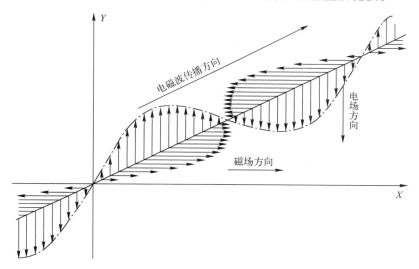

图 5-9　电磁波的传播示意图

（1）波前

　　波前可以定义为电磁波从源点向周围空间辐射时，所有同相位点组成的平面。如果一个电磁波在自由空间从一个点到周围空间是均匀的，就会产生一个球形波前。这个源被称为全向点源。图 5-10 是在自由空间中点源的两个波前的示意图。点源全向辐射，功率密度为

$$\rho = \frac{p_t}{4\pi r^2} \ （\text{W/m}^2）$$

　　这里，p_t 是点源的辐射功率，r 是波前距点源的距离。功率密度反映了在球形波前的情况下单位面积上获得的功率。由于球面面积与半径的平方成正比，因此如果波前 2 的距离是波前 1 的两倍，则功率密度将是波前 1 的 1/4。波前的面是曲面，但当其距源有相当远的距离时，一小块面可以看做是平面，称做平面波前。

　　除了电磁波的功率密度外，反映某一点上电磁波强度大小的另一个参数是电场强度 E，其计算公式如下

$$E = \frac{\sqrt{30p_t}}{r}$$

（2）反射

　　正如光波会被镜面反射一样，无线电波也会被任何导电的介质如金属表面或地球表面反射，且入射的角度与反射的角度相同，如图 5-11 所示。反射后入射波的相位与反射波的相位发生了 180° 的变化。

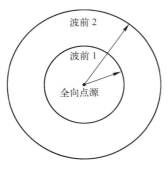

图 5-10　天线的波前

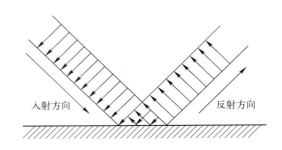

图 5-11　电磁波的反射示意图

如果反射体是理想的导体，且电场方向与反射体表面垂直，就会出现全反射，此时的反射系数为 1。反射系数定义为反射波的电场强度与入射波的电场强度之比。实际上一个非理想的反射体总是要吸收一部分能量的，也有一部分会穿透反射体向其他方向传播，因此反射系数小于 1，也就是说，反射波的场强总是小于直射波。

如果入射波的电场方向不是与反射体表面垂直，情况就会有很大的不同。在极端的情况下，如果入射波电场与反射体（导体）表面平行，电场就会被短路，导体表面会产生电流，因而电磁波会受到很大的衰减。如果是部分平行，就会有部分衰减。所以水平极化的电磁波（如开路电视）只能以直射波传播，不会被地面反射，但在很多情况下它会受到各种建筑物（与地面垂直）的反射。

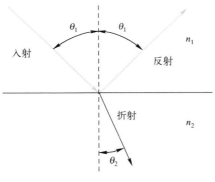

图 5-12　波的反射与折射

如果反射体表面是一个曲面，如一个抛物面天线，电磁波就会像光波一样被聚焦。

（3）折射

折射是电磁波传播与光的传播类似的另一种现象。当电磁波在两种不同介质密度的介质中传播时就会发生折射。

图 5-12 是电磁波折射与反射的例子。显而易见，反射系数小于 1，因为有一部分能量通过折射进入另一种媒介中。

（4）衍射

衍射是波在直线传播时绕过障碍物的一种现象。理论研究表明，球面波前的每一个点都可以被看做是一个二级球面波前的源点，这个概念解释了为什么可以在山的背后接收无线电波。图 5-13 显示出在一个山的背后除了一小部分区域（称为阴影区）外电磁波都能被接收到，直射的波前到达障碍物后变成了一个新的点源向被阻挡的空间注入，使阴影区缩小，也就是无线电波沿着障碍物的边界产生了衍射。电磁波的频率越低，衍射越强，阴影区也越小。

2. 电磁波的传播模式

电磁波从发射机天线到接收机天线的传播主要有地面波、空间波和天波三种模式，在同一个无线电发送与接收系统中，这三个传播模式可能兼而有之，只是由于所选择的天线、工

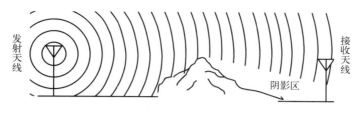

图 5-13　波的衍射示意图

作频率不同等原因，三者中以其中一种作为主要的传播模式。下面将要讨论无线电波的传播特性主要取决于其频率。

（1）地面波传播

地面波是指沿地球表面传播的无线电波，也称为地表面波。地面波应是垂直极化的，否则地球表面会对水平极化的电场形成短路。地形变化对地面波的影响很大，如果地球表面的导电性很好，对电磁波的吸收小，电磁波的衰减也小。地面波在水面上要比在沙漠上传播的性能好。

地面波是很稳定的通信链路，不像天波一样会受时间与季节的影响。只要功率足够大，频率足够低，地面波可以传播到地球的所有地方。普通收音机接收的中波（频率为 535 ~ 1605kHz）广播就是以地面波的形式传播的。

地面波的衰减会随着频率的升高而增大。由于这个原因，地面波在频率高于 2MHz 时不能有效传播。

地面波会受到另一种形式的衰减，如图 5-14 所示，原发射波应是垂直极化的，但由于地球表面是一个曲面，因此电磁波在绕地球传播过程中极化方向逐步发生了倾斜，到了离发射机有一定的距离后变成了水平极化波，电场被短路。电磁波的波长越长，频率越低，倾斜就越慢，地面吸收衰减也越小。高于 5MHz 的地面波传播距离很短，主要的原因是极化倾斜导致地面吸收增大。

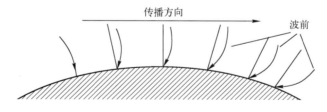

图 5-14　地面波传播过程中的极化倾斜示意图

（2）空间波传播

空间波有两种形式，一种是直射波，另一种是地面反射波，如图 5-15 所示。直射波在无线电通信中很常用，直射波的传播直接从发射天线到接收天线，无须沿地表面传播，因此地球表面不对它产生衰减，也不会产生极化倾斜。

直射波只能进行视距传播。因此天线高度与地球曲率是限制直射波传播距离的主要因素。在地面上直射波的传播距离 d 可以按如下公式估算

$$d \approx 3.57 \left(\sqrt{h_t} + \sqrt{h_r} \right)$$

这里，d 为传播距离，也就是收发两个天线之间的距离，单位为 km；h_t 为发射天线的高

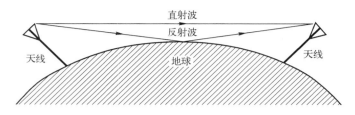

图5-15　直射波传播示意图

度，单位为 m；h_r 为接收天线的高度，单位为 m。通常情况下，在地面上利用直射波进行传播的距离约在 50km 以内。

直射波基本上不受频率的影响。在 30MHz 以上波段，由于地表面波和天波都不能用，所以基本上都是空间直射波。目前利用空间波进行传播的无线电通信系统主要有 900MHz 移动通信系统、150MHz 的寻呼系统、调频广播、电视广播、卫星通信、地面微波通信等。当电磁波的频率在 30MHz 以上时，空间波是主要的传播方式。

（3）天波传播

天波传播是远距离无线通信的常用方式。距地面 60km 以上的空间有一个由电子、离子等组成的电离层。电离层中的电子浓度、高度和厚度会随太阳的电磁辐射、季节的变化等发

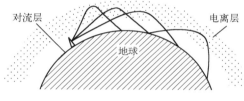

图5-16　电离层反射波示意图

生随机变化。当电磁波以较大的仰角向空中辐射到电离层时，电离层中的每一个带电粒子受电磁场的作用产生振动，这种运动的带电粒子又会向外辐射电磁波，宏观上看形成了电磁波在电离层内部的折射，其中有一部分会返回地面，就好像电离层对电磁波进行了反射，故将这种信道称为电离层反射信道，如图 5－16 所示。

电离层对短波波段（3～30MHz）的电磁波的反射作用比较明显，故电离层反射常被用于短波通信和短波广播[①]。由于地表面对短波电磁波也有反射作用，因此借助于电离层与地面之间的多次反射，可以进行全球通信。

由于电离层本身不稳定，因此电离层反射信道的传输特性会随时间变化，主要表现在以下几个方面：

① 电离层对信号的衰减随时间变化；

② 电离层对信号的延时随时间变化；

③ 收发之间有多个传播路径且随时间变化。

由于这几方面原因，接收端的信号将会出现一致性衰落和选择性衰落。一致性衰落是指信号的所有频率成分受到相同的随机衰减，选择性衰落是指信号的各个频率成分受到不同程度的随机衰减。无论何种衰落对信号的正常接收都是不利的，尤其对宽带信号的接收更不利。在短波通信中一般采用功能强的 AGC（Automatic Grain Control，自动增益控制）电路来

---

① 短波也可沿地表面传播，但距离较近，一般在 20km 以内。

消除衰落的影响，如果必要时可以采取分集接收①的办法来消除衰落的影响。

5.2.2　无线电发送接收设备

目前在运营的数字无线电通信系统主要有以下几种：

① 公用移动电话系统（GSM，CDMA）；

② CT2（Cordless Telephone 2nd Generation，第二代无绳电话）公用无绳电话系统（小灵通）；

③ 无线接入系统；

④ 数字微波通信系统；

⑤ 卫星通信系统。

上述这些系统严格地说都是通信网络，它们所涉及的技术除了数字信号的无线传输外，还有组网结构、业务管理、计费、系统维护等技术，且真正称得上"无线电通信"的只是其中的一部分。例如，一个用户用 GSM 手机与固定电话用户进行通话时，手机与附近的基站之间是无线电通信，而从基站→移动交换中心→市内电话网→固定用户的线路都是有线通信；再如，当一个用户用固定电话打一个国际长途电话时，其中一部分路程是由卫星转发的。因此，这里所讨论的无线电通信系统只限于"数字信号的无线电发送与接收"，内容包括无线电发射机、无线电接收机以及电磁波在无线信道中的传播，并以 CT2 为例介绍系统的组成与工作原理。

CT2 是在家用的无绳电话（单用户）基础上发展起来的，可以被看做是公用电话网的一种延拓。一个携带 CT2 手机的用户，只要靠近 CT2 基站（一般基站区半径约为 100m）就可与基站进行双向通信，而 CT2 基站与 PSTN 网相连，因此也就可与 PSTN 网任何一个用户通话。

（1）CT2 的主要技术特点

① CT2 系统的工作频段是 864.1～868.1MHz 共 4MHz 带宽，分为 40 个子信道，每个子信道的带宽为 100kHz；

② 采用同频时分双工技术；

③ 动态信道扫描，手机和基站都可在任意信道上扫描，以选择一个噪声最低的信道作为工作信道；

④ 语音信号采用自适应差分脉冲编码调制（ADPCM），编码率为 32kbit/s，数据传输速率为 72kbit/s；

⑤ 数字调制采用二进制频移键控调制（FSK）；

⑥ 手机发射功率限制在 10mW 以内，一个基站小区的半径约为 50～100m；

⑦ 采用数字信号加密。

（2）CT2 移动台（手机）组成原理

图 5-17 是某一型号的 CT2 手机的组成框图，下面介绍其各主要部分电路的工作原理。

---

① 分集有频率分集、极化分集、时间分集和空间分集等形式。以频率分集为例，它是用两个（或两个以上）载波频率来传送同一个信号，并有一套设备来自动选择最好的一路信号。各个载波必须有足够的频距以保证各路信号不会受到电离层同样的衰落。

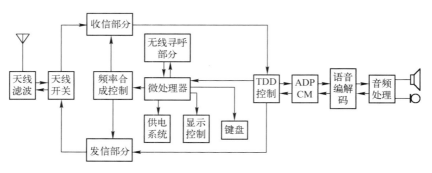

图 5-17 CT2 手机组成框图

1）天线滤波器。CT2 采用同频时分双工（TDD，Time Division Duplexing），收发不同时进行但同频工作，天线滤波器既可用于发送，也可用于接收。滤波器的中心频率为866MHz，带宽4MHz，手机在不同的子信道上工作时天线滤波器不需要调谐。

2）天线开关。天线开关完成收发信的转换，转换的速率是1ms 收，1ms 发，由 CAI 规定在收/发转换过程中有一段防护时间，约为56μs，因此，天线开关的转换时间应小于这个值，并且与 TDD 严格配合，才能保证收/发的正确转换。天线开关目前多采用响应时间较短的电子开关。

3）发信部分电路。发信部分电路完成从数字基带信号向射频、大功率已调信号转换的功能。图 5-18 是发信部分组成框图。

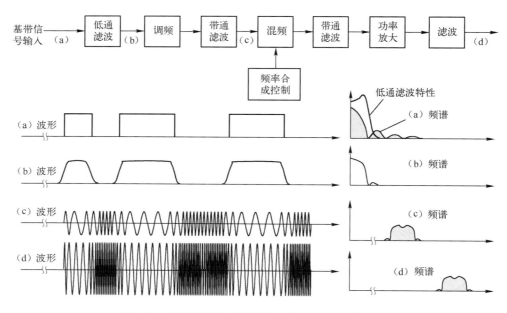

图 5-18 发信部分组成框图及各点波形与频谱示意图

来自于 TDD 电路的二进制数字基带信号的码率为72Kbps，每隔1ms 发送1ms（72bit），其波形与频谱如图 5-18（a）所示；经过低通滤波器后，由于低通滤波器的带宽较窄，从频谱上看基带信号的高频分量受到衰减，波形上反映出方波脉冲的前后沿圆滑，如图 5-18（b）所示，低通滤波器一方面对数字基带信号进行频带限制，滤除较高频率分量，使 FSK 信号有较窄的带宽，另一方面对基带信号进行预加重处理，改善通信过程中的信噪比；该信号通过调频和带通滤波器后获得近似的 FSK 信号，如图 5-18（c）所示。已调信号的最小频率偏移为 ±14.4kHz，最大频率偏移为 ±25.2kHz。经过调制后信号变成了中频，中频滤波器用于滤除因 FSK 调制带来的带外辐射，减小对邻近波道的干扰；在混频器中，FSK 信号与锁相环频率合成器控制的频率输出进行混频，把频率搬移到射频（工作频率）段。射频信号与中频信号相比主要是中心频率提高。只要改变频率合成器的输出就可以改变发射机的工作频率；信号在进入天线之前，还要进行功率放大，如图 5-18（d）所示，以获得最大传输。通常 CT2 手机的发射功率不超过 10mW。

图中的锁相环频率合成器是一种正弦信号发生器，它能将一个晶体振荡器产生的高频率稳定的正弦波进行倍频、分频、和频和差频，产生出一个或多个所需频率的正弦波，并且其频率可以受程序控制变化，而频率稳定度与晶体振荡器的频率稳定度基本相同。

4）收信部分电路。收信部分电路用于将来自天线感应的信号经过放大、滤波、解调还原成基带信号。收信部分电路的组成框图如图 5-19 所示。这是一个典型的超外差（superhet）接收机电路，采用了两次变频技术。

从天线上感应的信号首先经过天线滤波器初次滤波。由于天线滤波器的通带范围为864.1～868.1MHz 共 4MHz 带宽，远宽于信号带宽，因此进入射频放大器的信号中含有较多的杂波，特别是来自本系统内部其他 CT2 手机与基站的通信信号也可能进入到射频放大器中，如图 5-19（a）所示。

射频放大器对信号进行线性放大，由于此时信号幅度很小，因此射频放大器必须是低噪声放大器，以防止放大器内部的噪声过大而使信噪比恶化。放大器既放大信号，也放大了各种杂波干扰，如图 5-19（b）所示。

射频放大器输出信号与来自频率合成器的本振 1 信号进行混频，如果混频器有理想的特性，则其输出中含有两者的和频与差频分量，其波形与频谱如图 5-19（c）所示；设信号的频率为 f_s，本振 1 的频率为 f_{L1}，则输出分别为 $f_{m1+} = f_{L1} + f_s$，$f_{m1-} = f_{L1} - f_s$；从频谱图上看，信号出现在两个频率（f_{m1+} 和 f_{m1-}）位置上。

中频滤波器 1 是声表面波滤波器，它的中心频率 f_{I1} 固定，低于信号的频率 f_s，带宽约为100kHz（正好是一路信号的带宽）。这样，在混频器 1 的两个输出分量中，只有满足条件 $f_{m1-} = f_{L1} - f_s = f_{I1}$ 的分量才能通过中频滤波器 1 进入中频放大器 1 进行放大。

中频滤波器 1 在取出信号的同时还有效地抑制了邻近波道的干扰，因此它的输出是比较纯净的信号，如图 5-19（d）所示。中频放大器对中频信号进行放大，得到如图 5-19（e）的信号波形与频谱。

如果中频滤波器 1 的中心频率为 10.7MHz，若要接收的信号频率 $f_s = 864.1$MHz，则本振 1 的频率应为 $f_{L1} = f_s + f_{I1} = 874.8$MHz。只要改变本振 1 的频率，就可以改变要接收信号的频率。

为便于解调，频率为 10.7MHz 的中频信号要进行第二次变频。变频过程如图 5-19（f）所示。第二中频频率固定为 455kHz，本振 2 的频率也固定为 11.155MHz。第二中频滤波器的带宽也近似为 100kHz，但由于中心频率较低，因此矩形系数好，可以进一步抑制邻近波道干扰。

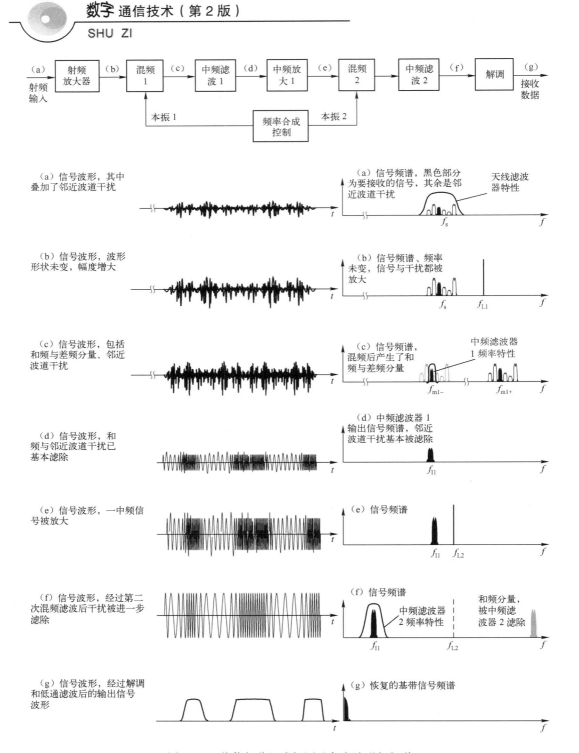

图 5-19 收信部分组成框图及各点波形与频谱

从第二中频放大器输出的信号其幅度已能满足解调器的输入电平要求，各种干扰也基本滤除。解调器对频率为 455kHz 的信号进行 FSK 解调，最终得到速率为 72Kbps 的基带信号，如图 5-19（g）所示。

5）TDD 时分双工控制。数字化的语音信号经过 ADPCM 转换后产生 32Kbps 信号。TDD 电路内部的存储器以 2ms 为单位存储数据，并在随后的 1ms 内将数据发送出去，也就是连续输入，间隙输出。这样，输出期间发送的数据速率为 64Kbps，再加上在数据包中所必要的各种控制信号，实际发送的数据速率为 72Kbps，发送过程是发 1ms（72bit），等待 1ms，再发 1ms，……。同样，TDD 电路内部的另一个存储器每次要接收 1ms 的信号（码率为 72Kbps），用 2ms 的时间输出到 ADPCM 电路中（码率为 36Kbps），也就是间隙输入，连续输出。扣除各种控制比特后实际进入 ADPCM 电路的信号码率为 32Kbps。

6）语音处理部分。CT2 手机的语音处理部分电路可分为三个部分，即音频处理、语音编解码和 ADPCM 编码。

音频处理电路主要是对双向的音频信号进行放大和滤波。它内部有两套音频放大器和低通滤波器组，一套电路对来自话筒的模拟音频信号进行低噪声放大，使之达到语音编解码电路对输入信号电平的要求，同时对语音信号进行滤波，将信号的频率范围限制在 300 ~ 3400Hz 范围内；另一套电路将来自语音编解码电路的恢复语音信号进行低通滤波，并进行功率放大，以达到扬声器的输出功率要求。

语音编解码电路用来对要发送的模拟语音信号进行 PCM 编码或对接收到的数字信号进行 PCM 解码，恢复原语音信号。编解码采用 A 压缩律或 μ 压缩律，取样频率为 8kHz，编解码速率为 64Kbps。

5.2.3 天线

天线是实现电信号与电磁波相互转换的换能器。在进行无线电通信时，发射机与接收机都要用到天线，在很多情况下发射与接收设备共用一个天线。从某种意义上讲，天线是无线信道的接口设备。

发射天线可以将高频电流转换成同样频率的电磁波，其工作原理类似电灯泡，当有电流流过灯泡时，灯泡就会向周围辐射光波；当高频电流流过天线时，其向外围空间辐射电磁波。接收天线将接收到的电磁波信号转换成电信号，它类似于一个光电池，在光的照射下产生电流。天线的选择与工作频率（波长）、传播方式、方向性等多种因素有关，目前在无线电通信中常用的天线有如图 5-20 所示的几种以及它们的变形，如手机天线就可以看做是鞭状天线的一种。

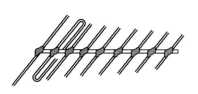

（a）多单元半波振子天线，常用　　　（b）鞭状天线，常用于　　　（c）抛物面天线，常用于
于超短波通信和电视信号接收　　　短波及以上波段的通信　　　微波中继通信与卫星通信

图 5-20　无线电通信中常用的几种天线实物图

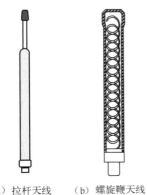

（a）拉杆天线　（b）螺旋鞭天线

图 5-21　手机用天线

有些移动通信设备如手机要求天线的尺寸很小，因此较多地使用拉杆天线或螺旋鞭状天线，如图 5-21 所示。

在设计或选择天线时，通常要从以下几个方面考虑。

（1）天线增益。对发射天线来说，天线增益越高意味着发射机可以将电磁能更多地发向接收点；对接收天线来说，天线增益越高意味着可以更多地吸收电磁能。因此在任何情况下选择高增益的天线都是有益的。

（2）方向性。天线按照其方向性可分为全向天线和定向天线两类，要根据通信的具体要求来选择。例如，广播电台由于要向四面八方发送电磁波，因此要选用全向天线；手机在移动过程中进行通信，基站对它来说方向是不确定的，因此也应用全向天线；在卫星通信中，地面站要将能量集中发向一点（卫星所在的位置），卫星要将信号发向地球所在空间方向，因此都要用到定向天线。在其他条件相同的情况下，方向性强的天线有更高的天线增益。另外，方向性强的天线对来自主方向以外的干扰有更好的抑制作用。

（3）频带宽度。天线的工作频率与其尺寸有关，因此一个特定的天线就有一定的工作频率范围或频带宽度。对天线的频带宽度的要求应以能满足通信频率范围要求为限，过宽的带宽会使天线感应其他频率的电磁波而产生不必要的干扰。

（4）天线效率。影响天线效率的因素有多个，如天线本身的损耗和天线与馈线的匹配等，应用中要尽可能地选效率高的天线。

（5）机械特性。有些天线安装在室外，通信过程中会受到各种外力的作用，因此不仅天线本身要有足够的机械强度，而且用于支撑天线的支架也必须有足够的强度，必要时还要考虑防雷接地措施。图 5-22 是一个移动通信基站的天线塔。

图 5-22　GSM 基站天线塔

5.3　卫星通信系统

卫星通信是在地面微波接力通信和空间技术的基础上发展起来的一种特殊形式的微波中继通信。在国际通信中，卫星通信承担了 1/3 以上的远洋通信业务，并提供了几乎世界上所有的远洋电视，卫星通信系统已构成了全球数据通信网络不可缺少的通信链路。利用卫星通信技术可实现全球通信的无缝隙覆盖，达到了真正意义上的全球卫星移动个人通信（GMPCS，Global Mobile Personal Communication by Satellite）。

5.3.1　基本概念

随着通信业务量的增加，要求无线电通信系统有更宽的带宽，因此通信频率也要更高。

但高频率的电磁波具有直线传播的特性，由于地表呈球形，在地球表面进行通信时，受天线高度的限制，一般的通信只能在半径为 50km 的范围内进行。

人造地球卫星的出现，使通信天线可以脱离地面达到几百千米到几万千米的高度。只要在卫星上装上一套通信设备，地面上相当大的区域内可以通过卫星上的通信设备进行相互之间的通信。这种利用通信卫星作为中继站的中继通信方式称为卫星通信（Satellite Communication）。主要用于通信的卫星称为通信卫星（如图 5-23 所示），地球上直接与卫星进行通信的一整套通信装置（包括发射机、接收机、天线等）称为地球站（Globe Station）或地面站。

图 5-24 是一个最简单的卫星通信系统示意图。来自地面通信线路的各类数据信号在地球站 A 中集中，由地球站 A 的发射机通过定向天线向通信卫星发射，这个信号被通信卫星内的转发器所接收，由转发器进行处理（如放大、变频等）后，再通过卫星天线发回地面，被地球站 B 中的接收机接收，再分送到地面的通信线路中，实现了利用通信卫星进行 A 地与 B 地之间的信号传递。同样，地球站 B 也可以通过卫星转发器向地球站 A 发送信号。

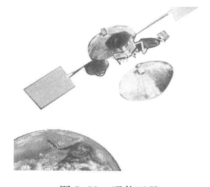

图 5-23　通信卫星

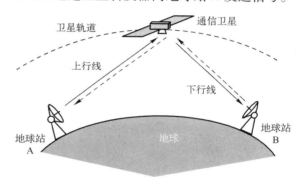

图 5-24　卫星通信系统示意图

通信卫星按一定的轨道绕地球运行。卫星距地面的高度越低，绕地球一周所需的时间就越短。当卫星距地球表面的高度是 35 860km 时，卫星绕地球一周的时间正好是 24h（地球自转一周的时间），如果这个卫星的轨道在地球赤道平面上，那么这个卫星的位置相对于地面站来说是静止的，这样的卫星称为静止卫星或同步卫星。位于赤道平面上（0 纬度）、距地球表面 35 860km 的圆形轨道称为地球同步轨道。

当同步卫星的通信天线指向地球时，天线发射的波束最大可以覆盖超过地球表面 1/3 的面积，同样该天线也可以接收来自这个区域的各个地球站的信号。三颗同步卫星按 120° 间隔配置可以使整个地球除两极外的所有地区都处于同步卫星的覆盖区（图 5-25），并且有一部分地区处于两颗卫星的重叠覆盖区，在这些地区设置的地球站可以使两颗卫星进行相互通信。这样，同步卫星覆盖区内的所有各地面站之间都可以进行相互通信。两极区域配上地面通信线路或利用移动卫星进行信号的转发，可以间接地纳入同步卫星的覆盖区。

除了同步轨道外，在其他地球轨道上的卫星相对于

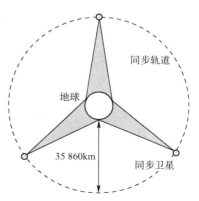

图 5-25　三颗同步卫星覆盖全球示意图

地面来说都是在运动的，这样的卫星称为移动卫星或非同步卫星。一般移动卫星都处于距离地面几百千米以上的低轨道上。移动卫星位置低，信号传输损耗小，对地面站的发射功率和接收灵敏度要求不高，地面站的体积与重量都可以很小，甚至可以用手机与卫星进行通信，很适合地面移动体之间或移动体与固定站之间的通信（简称卫星移动通信）。

非同步卫星通信系统主要有椭圆轨道卫星系统、中轨道卫星系统及低轨道卫星系统等。该系统适用于以个人手持机为主的移动通信。中、低轨道卫星以每秒几千米的速度快速移动，相对于步行速度（20～40km/h）和车辆速度（80～200km/h）的移动终端，可以认为移动终端相对静止，而卫星在移动，也就是系统的卫星群在绕地球转动。

（1）高椭圆轨道卫星系统（HEO，Highly Elliptical Orbit）

HEO 的卫星离地球最远点的高度为 39 500～50 600km，最近点为 1000～21 000km。例如 1965 年苏联发射成功的 Molniya（闪电）卫星就属于高椭圆轨道卫星系统。

（2）中轨道卫星通信系统（MEO，Medium Earth Orbit）

MEO 的卫星离地球高度约 10 000km。中轨道卫星星座中卫星数量较少，约为十至十几颗，卫星重量为吨级。中轨道卫星采用网状星座，卫星为倾斜轨道。美国 1991 年发射的中轨道 Odyssey 系统，有 12 颗卫星，分布在 3 个轨道平面，每一轨道平面有 4 颗卫星，卫星轨道高度为 10 371km。其移动用户的上行频率是 1.610～1.6265GHz，下行频率为 2.4835～2.500GHz，关口端终端的上行频率是 29.5～30.0GHz，下行频率为 19.7～20.0GHz。每颗卫星全双向话路数为 2300～30 000，用户平均与卫星接续的时间为 2h，用户最小仰角 22°，面向移动用户的天线为刚性，其安装的 37 波束（上行）/32 波束（下行）凝视天线（产生 37 个点波束），无星间链路。移动用户手持机调制方式是 QPSK，误码率 10^{-3}（语音）、10^{-5}（数据），可支持数据率为 4.8kbit/s 的语音和 1.2～9.6kbit/s 的数据，传输时延大于 34.5ms。多址方式为 CDMA/FDMA。

（3）低轨道卫星通信系统（LEO，Low Earth Orbit）

LEO 的卫星离地球高度约 700～1500km。低轨道卫星星座中的卫星数量较多，约为几十颗，卫星重量小，小的 LEO 重量仅几十千克，大的 LEO 约几百千克。低轨道卫星多采用极轨星状星座，也有网状星座的。星状星座 100% 覆盖全球，网状星座覆盖全球的绝大部分。LEO 已推出的有"全球星"系统，"全球星"系统由 48 颗工作星组成星座，轨道高度 1389～1414km。1998 年首次发射卫星，1999 年提供服务。该系统移动用户的上行频率是 1.610～1.625GHz，下行频率为 2.4835～2.500GHz，关口站的上行频率为 6.484～6.5415GHz，下行频率为 5.1585～5.216GHz。每颗星全双向话路数为 2800，用户平均与卫星联系的时间为 10～16min，最小仰角 10°，面向移动用户的天线是 16 个点波束相控阵天线，卫星之间无通信链路。用户手持机调制方式是 QPSK，语音误码率为 10^{-3}、数据误码率为 10^{-5}，可支持的数据率为 1.2～9.6kbit/s（语音和数据），传输时延大于 4.7ms。多址方式为 CDMA/FDMA。

5.3.2　卫星通信系统的组成

卫星通信系统包括空间和地面两大部分，其中空间部分主要是转发器和天线，并且一颗通信卫星可以有多个转发器，但通常这些转发器会共用一部或少量几部天线；地面部分也就是地球站的主体部分，主要是大功率的无线电发射机、高灵敏度接收机和高增益天线等，一颗卫星可以与多个地球站进行通信。

（1）卫星转发器

转发器（Transponder，Transmitter-responder 的缩写）是通信卫星中直接起中继作用的部分，是通信卫星的主体。它接收和放大来自各地面站的信号，经频率变换后再发回地面，所以它实际上是一部高灵敏度、宽频带、大功率的接收与发射机。转发器的工作方式是异频全双工，接收与发射的信号频率不同，通常收发共用天线，由双工器进行收发信号的分离。

对卫星转发器的基本要求是以最小的附加噪声和失真，并以足够的工作频带和输出功率来为各地面站有效而可靠地转发无线电信号。

（2）卫星地面发射站

卫星地面发射站的主要设备框图如图 5-26 所示。来自地面数字通信网的数据基带信号，经过基带处理后都加到调制器。对基带信号的处理主要有加密、差错控制编码、扩频编码等。

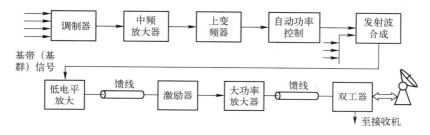

图 5-26　地面站大功率发射系统组成框图

早期的数字卫星通信系统主要采用 2PSK 调制方式，它的特点是在较低的信噪比条件下仍能保持较低的误码率，其缺点是频率利用率不高。随着人们对通信容量需求的增加及卫星转发器输出功率的提高，提高频率利用率成为选择调制方式的主要目标，开始使用了多进制相移键控技术（MPSK）以及各种改进的调制方式如参差四进制相移键控 SQPSK、最小频移键控 MSK 等。目前这几种调制方式都有应用的实例。

用于调制的载波频率为 70MHz。已调信号在中频放大器和中频滤波器中进行放大并滤除干扰，然后在上变频器中变换成微波频段的射频信号。

如果地球站需要发射多个已调波，就必须在发射波合成设备中将多个已调波信号合成一个复合信号。最后，由功率放大器将它放大到所需的发射电平上，通过双工器送到定向天线。由于各个已调波信号的载频并不相同，复合信号在频谱上不重叠，便于卫星转发器或地球站在接收后进行分离。

卫星通信系统对地面和星上发射机的发射功率有严格的要求，国际卫星通信临时委员会（ICSC，Interim Communication Satellite Committee）规定，除恶劣气候条件外，卫星方向的辐射功率应保持在额定值的 ±0.5dB 范围内，所以大多数地面站的大功率发射系统都装有自动功率控制（APC，Auomatic Power Control）电路。

尽管在一颗通信卫星的覆盖区内有很多个地球站可与之通信，但从单个卫星地球站的角度看，它与通信卫星之间的通信是点对点的通信，地球站选用方向性好、增益高的天线既可以在发射信号时将尽可能多的能量集中到卫星上，又可以在接收时从卫星方向获得更多的信号能量，同时由于天线的方向性好，可以有效地抑制来自其他方向的干扰。因此天线是影响卫星地球站性能的重要设备。

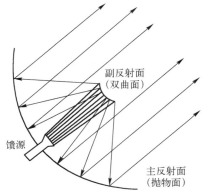

图 5-27　卡塞格伦天线结构示意图

目前常用于卫星通信的天线是一种双反射镜式微波天线，因为它是根据卡塞格伦望远镜的原理研制的，所以一般称为卡塞格伦天线（Kasiakelun Antenna）。图 5-27 是卡塞格伦天线的原理结构图。它包括一个抛物面反射镜（主反射面）和一个双曲面反射镜（副反射面）。副反射面与主反射面的焦点重合。由一次辐射器——馈源喇叭辐射出来的电磁波，首先投射到副反射面上，再由主反射面平行地反射出去，使电磁波以最小的发散角辐射。

图 5-28 为于 2007 年上半年建成的云南昆明 40m 天线系统，目前已初步交付用于试验。随后上海 25m、新疆乌鲁木齐 25m、云南昆明 40m 和北京 50m 4 座天线对 Smart—1 卫星和射电源进行了实时联合试验，取得了成功，表明昆明站 40m 天线系统调试成功。

在一些小型的地球站中还常用到如图 5-29 所示结构的抛物面天线，它只用了一次反射，结构较简单，成本低，但馈线长，损耗大。一些只用于接收的地球站往往直接将低噪声的高频头置于馈源位置上。

图 5-28　昆明地球站中的天线系统

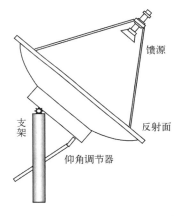

图 5-29　一次反射的抛物面天线

馈电设备接在天线主体设备与发射机接收机之间。它的作用是把发射机输出的射频信号馈送给天线，同时将天线接收到的电磁波馈送给接收机，即起着传输能量和分离收、发电波的作用。为了高效率传输信号能量，馈电设备的损耗必须足够小。

（3）卫星地面接收机

卫星地面接收机的作用是接收来自卫星转发器的信号。由于卫星重量受到限制，因此卫星转发器的发射功率一般只有几瓦到几十瓦，而卫星上的通信天线的增益也不高，因而卫星转发器的有效全向辐射功率一般情况下比较小。卫星转发下来的信号，经下行线路约 40 000km 的远距离传输后要衰减 200dB 左右（在 4GHz 频率上），因此当信号到达地面站时就变得极其微弱，地面站接收系统的灵敏度必须很高，才能从干扰和噪声中把微弱信号提取出来，并加以放大和解调。

卫星地面接收机的组成方框图如图 5-30 所示。由图中可以看出，接收系统的各个组成设备是与发射系统相对应的，而相应设备的作用又是相反的。

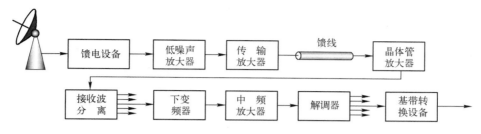

图 5-30 地面站接收系统组成方框图

由地面站接收系统收到的来自卫星转发器的微弱信号，经过馈电设备，首先加到低噪声放大器进行放大。因为信号很微弱，所以要求低噪声放大器要有一定的增益和低的噪声温度。

从低噪声放大器输出的信号，在传输放大器中进一步放大后，经过波导传输给接收系统的下变频器。为了补偿波导传输损耗，在信号加到下变频器之前，需要经过多级晶体管放大器进行放大。如果接收多个载波，还要经过接收波分离装置分配到不同的下变频器去。下变频器把接收载波变成中频信号，对于 PSK 信号，采用相干解调器或差分相干解调器。解调后的基带信号被送到基带转换装置中。

5.3.3 卫星通信的工作频段

目前大部分国际通信卫星业务使用两个频段：C 波段（4/6GHz）和 Ku（12/14GHz）波段，其中前一个频率为下行频率（从卫星到地面），C 波段频率范围为 3.7~4.2GHz，Ku 波段频率范围为 11.7~12.2GHz，后一个频率称为上行频率（从地面到卫星），C 波段频率范围为 5.925~6.425GHz，Ku 波段频率范围为 14.0~14.5GHz，卫星转发器的总带宽为 500MHz。C 波段的通信频率与地面微波接力通信网的频率重叠，存在相互间干扰，Ku 波段不仅干扰小，而且由于波长短，可减小地球站的接收与发射天线尺寸。

5.3.4 多址连接技术

多址连接是卫星通信的显著特点。所谓多址连接方式，简单地说，就是许多个地面站通过共同的通信卫星实现覆盖区域内相互连接，同时建立各自的信道，而无须地面的中间转接。

当进行卫星通信的地面站数目很多时，如何保证许多地面站发射的信号通过同一颗卫星而不至于相互干扰是一个重要的技术问题，这就要求各个地面站发向其他地面站的信号之间必须有区别，目前主要以信号的频率、信号通过的时间、信号波束空间以及数字信号的码型来区分，相应的多址连接方式分别被称为频分多址（FDMA）、时分多址（TDMA）、空分多址（SDMA）和码分多址（CDMA）方式。

（1）频分多址方式（FDMA）

将卫星转发器的整个通信频带分成若干对子频带，每个地面站都在分配的频带中进行信号传输的方式称为频分多址方式，图 5-31 是频分多址通信示意图。地面站 A 的发射机将来自地面的各路电话信号（或电视信号）进行多路复用后，经调制与变频，以上行频率 f_A

（中心频率与带宽由卫星转发器分配）发向卫星，卫星转发器将这个频率的信号变频至 f'_A 后发回地面，被其他各站接收。同样，其他地面站的发射机也可分别以频率 f_B、f_C 等向卫星发送信号。

　　子频带的分配可以预分配，也可以按需分配。所谓预分配就是每个地面站占用固定的频率与带宽，这种方式的优点是频率管理简单，但当地面站的通信业务量变化较大时，会出现时忙时闲现象，浪费较大。按需分配可以解决这个问题，在这种方式下，卫星转发器的全部（或部分）频带被集中起来准备公用，某一个地面站在某一时间有通信业务需要而提出申请时，由卫星管理机构临时指定一个子频带供其租用，通信结束后立即收回。

　　按需分配的一个例子是"SPADE"方式[①]。国际通信卫星 IS–Ⅳ 号中有一部转发器指定给 SPADE 系统使用。转发器带宽为 36MHz，分成 800 个小段，每一小段可传输一路 PCM 电话。该方式首先将电话信号进行语音压缩，然后再进行 7bit PCM 调制，加上 1bit 帧同步信号，共 8bit，取样频率为 8kHz，故每路信息传输速率为 64kbit/s。每路 PCM 信号再分别对一个载波进行 4PSK 调制，不同话路使用不同的载波，通过卫星转发器实现多址连接。

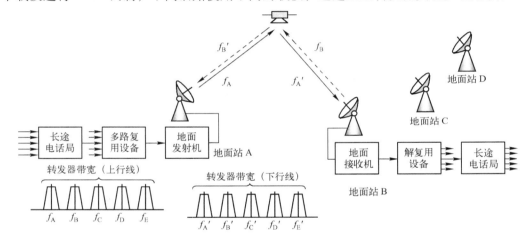

图 5-31　频分多址通信示意图

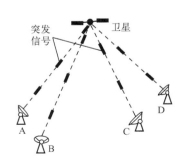

图 5-32　时分多址通信示意图

　　在 FDMA 方式下，由于转发器要对多个载波进行放大和变频，当这些器件存在非线性时，会产生交调干扰，因此转发器上的功率放大器往往不能全功率输出。

　　（2）时分多址（TDMA）方式

　　时分多址是各地面站发射的信号在转发器内按时间排列的一种多址方式，各站在规定的时间向卫星发送一个时隙的信号，来自各地面站的信号所占时隙是不重叠的（如图 5-32）。由于是按时间分配各站的通信，所以分配给各站的不再是某一规定的频率，而是一个指定的时隙，各站的发射频率可以相同。因此，在任何时刻，卫星转发器上通过的只是一个地面站的信号。例如，在时间 $t_0 \sim$

　　① "SPADE"方式的全称为"每路单载波—脉冲编码调制—按需分配—频分多址方式，Single-channel-per-carrier PCM multiple-access demand assignment equipment"。

t_1 内，A 站的信号通过转发器，在 $t_1 \sim t_2$ 的时间内 B 站的信号通过转发器。在时间 $t_{N-1} \sim t_N$ 内第 N 站（假设为最后一站）的信号通过转发器，然后重新轮到 A 站、B 站、……发送信号。为了有效地利用卫星而又不使各站信号相互干扰，各站信号所占的时隙排列应该紧凑又互不重叠。类似于时分复用，我们把每站信号通过转发器的周期称为一帧，而把转发器分给每站的时隙叫做分帧。其帧结构如图 5-33 所示。

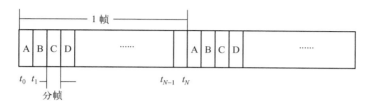

图 5-33 时分多址的帧结构示意图

典型的 PCM-TDM-PSK-TDMA 系统的原理方框图如图 5-34 所示，从长途电话局送来的多路电话信号（例如 24 路），先经地面线路终端装置将模拟信号变换为脉冲编码调制信号，然后经时分多路复用后存储于时分多路控制装置内。它与该装置产生的"报头"（前置脉冲）一起在调制器中对载波进行相移键控（PSK）调制。最后，经发射机上变频器变换为微波信号并放大到额定电平后发向卫星。各站发射信号的时间应有共同的基准，以保证在指定的时隙进入卫星转发器。

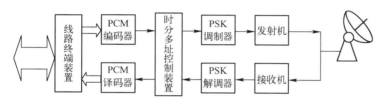

图 5-34 PCM-TDM-PSK-TDMA 方式

地面站在进行接收时，先将接收到的微波信号送至接收机内，经放大、下变频得到中频相移键控信号。然后利用解调器得到"报头"和携带信息的 PCM 信号。根据"报头"可以判定是哪个站发给本站的信号。解调后的信号送至时分多址控制装置。根据"报头"控制分帧同步电路，将选出的脉码调制信号经 PCM 译码器还原为模拟信号，最后经长途电话局送至用户。

不难看出，在这种系统中，要维持其正常工作，一个非常重要的问题是需要精确的同步控制。具体来说，就是要解决用户钟定时与地面站钟定时之间的接口以及地面站与卫星的接口问题。为了把地面站的连接的低速数据压缩为在某个时隙发射的高速突发序列，还要在时分多址控制装置内配置发送时用的压缩缓冲存储器和接收时用的扩张缓冲存储器。

从以上简单说明可以看出，TDMA 方式有以下一些特点：

① 各地面站发射的信号是射频突发信号，或者说它是周期性的间隙信号；

② 由于各站信号在卫星转发器内是串行传输的，所以需要提高传输效率。但是各站输入的是低速数据信号，为了提高传输速率，使输入的低速率数据信号提高到发往卫星的高速率（突发速率）数据信号，需要进行变速。速率变化的大小根据帧长度与分帧长度之比来

确定；

③ 为了使各站信号能准确地按一定时序进行排列，以便于接收端正确地进行接收，需要精确的系统同步和解调同步。

（3）空分多址方式（SDMA）

SDMA（Space Division Multiple Access）的基本特征是卫星天线有多个窄波束（又称点波束），它们分别指向不同的区域地球站，利用波束在空间指向的差异来区分不同的地面

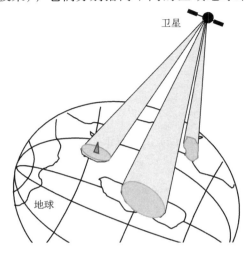

图 5-35　SDMA 方式示意图

站，如图 5-35 所示。卫星装有转换开关设备，某区域中某一站的上行信号，经上行波束送到转发器，由卫星上转换开关设备将其转换到另一通信区域的下行波束，从而传送到此区域的某接收站。一个通信区域内如果有几个地面站，则它们之间的站址识别还要借助 FDMA 或 TDMA 方式。所以，在实际应用中，一般不是单独使用 SDMA 方式，而是与其他多址方式相结合。

SDMA 方式有许多新颖特点：卫星天线增益高；卫星功率可得到合理有效的利用；不同区域地面站所发信号在空间互不重叠，即使在同一时间用相同的频率，也不会相互干扰，因而可实现频率重复使用，这就成倍地扩大了系统的通信容量；转换开关使卫星成为一台空中交换机，各地球站之间可像自动电话系统那样方便地进行多址通信。此外，卫星对其他地面通信的干扰减少了，对地面站的技术要求也降低了。

但是，SDMA 方式对卫星的稳定及姿态控制提出了很高的要求；卫星天线及馈线装置也比较庞大和复杂；转换开关不仅使设备复杂，而且由于空间故障修复难度较高，增加了通信失效的风险。

（4）码分多址（CDMA）方式

码分多址方式中区分不同地址信号的方法是：利用自相关性非常强而互相关性比较低的周期性码序列作为地址信息（称为地址码），对被用户信息调制过的已调波进行再次调制使其频谱大为展宽（称为扩频调制）；经卫星信道传输后，在接收端以本地产生的已知的地址码为参考，根据相关性的差异对收到的所有信号进行鉴别，从中将地址码与本地地址码完全一致的宽带信号还原为窄带而选出，其他与本地地址码无关的信号则仍保持或扩展为宽带信号而滤去（称为相关检测或扩频解调），这就是码分多址的基本原理。

由此可见，要实现码分多址，必须具备下列三个条件：

① 要有数量足够多、相关特性足够好的地址码，使系统中每个站都能分配到所需的地址码。这是进行"码分"的基础；

② 必须用地址码对待发信号进行扩频调制，使传输信号所占频带极大地展宽（一般应达几百倍以上）。把地址码同信号传输带宽的扩展联系起来，为接收端区分信号完成了实质性的准备；

③ 在码分多址通信系统中的各接收端，必须有本地地址码（简称本地码）。该地址码应

与发送端发来的地址码完全一致，用来对收到的全部信号进行相关检测，将地址码之间不同的相关性转化为频谱宽窄的差异，然后用窄带滤波器从中选出所需的信号。这是完成码分多址最主要的环节。

所谓地址码的"完全一致"，不但要求码型结构完全相同，而且每个码元、每个周期的起止时间完全对齐，也就是两者应建立并保持位同步和帧同步。这是进行相关检测的必要条件，也是实现码分多址的主要技术问题之一。

码分多址是扩展频谱通信技术在卫星通信中的重要应用。它是把扩频通信中有选址能力的一些方式引用到通信中来解决多址互联的问题。码分多址中目前最常用的直接序列调相方式与跳频方式都是来源于扩频通信，所以码分多址又被称为扩频多址（SSMA，Spread Spectrum Multiple Access）。

与其他多址方式相比，CDMA 方式的主要特点在于所传送的射频已调波的频谱很宽，功率谱密度很低，且各载波可共占同一时域、频域和空域，只是不能共用同一地址，因此，CDMA 具有如下的突出优点。

① 抗干扰能力强。在地址码相关特性较理想和频谱扩展程度较高的条件下，CDMA 具有很强的抗干扰能力，直接表现在扩频解调器的输出信噪比相对于输入信噪声比要高得多。

② 较好的保密通信能力。首先，由于采用了扩频调制，在信道中传输所需的载波与噪声的功率比很低（约为 -20dB），信号完全隐蔽在噪声、干扰之中，不易被发现；其次，用独特的地址码进行扩频调制这相当于一次加密，可以增加破译的困难。

③ 实现多址连接较灵活方便。近年来，CDMA 方式也以很快的增长速度在地面的移动通信系统中应用。

（5）四种多址连接方式的比较

目前上述的四种多址方式在卫星通信中都得到了应用。表 5–1 列出了各种多址方式的特点、识别方法、主要优、缺点以及适用场合。

表 5–1　各种多址方式的比较

多址方式	特　点	识别方法	主要优、缺点	适用场合
频分多址	各站发的载波在转发器内所占频带并不重叠； 各载波的包络恒定； 转发器工作于多载波	滤波器	优点：可沿用地面微波通信的成熟技术和设备；设备比较简单，不需要网同步 缺点：有互调噪声；不能充分利用卫星功率和频带；上行功率、频率需要监控；大小站不易兼容	TDM/PSK/FDMA 方式适合站少容量中等的场合；SCPC[①] 系统适合站多容量小的场合
时分多址	各站的突发信号在转发器内所占的时间不重叠； 转发器工作于单载波	时间选通门	优点：没有互调问题，卫星的功率与频带能充分利用；上行功率不需严格控制；便于大、小站兼容，站多时通信容量仍较大 缺点：需要精确网同步；低业务量用户也需相同的 EIRP[②]	中、大容量线路

① SCPC，Single Channel Per Carrier，单路单载波。

② EIRP，Effective Isotropic Radiated Power，有效全向辐射功率。

续表

多址方式	特　　点	识别方法	主要优、缺点	适 用 场 合
空分多址	各站发的信号只进入该站所属通信区域的窄波束中； 可实现频率重复使用； 转发器成为空中交换机	窄波束天线	优点：可以提高卫星频带利用率，增加转发器容量或降低对地球站的要求 缺点：对卫星控制技术要求严格，星上设备较复杂，需用交换设备	大容量线路
码分多址	各站使用不同的地址码进行扩展频谱调制。各载波包络恒定，在时域和频域均互相混合	相关器	优点：抗干扰能力较强；信号功率谱密度低，隐蔽性好；不需要网定时；使用灵活 缺点：地址码选择较难；接收时地址码的捕获时间较长	军事通信；小容量线路

5.4　光纤通信系统

红外线或可见光是比微波更高频率的电磁波，以红外线或可见光作为载波可以得到比微波更宽的可用带宽。光纤通信是以光波为载波，以光纤为传输介质的一种通信方式。随着光纤传播损耗的大幅度下降，耐用光缆、长寿光源与检测器、光缆连接器以及光纤放大器的发明，光纤通信已被大量地用于数据通信中。

光纤通信具有如下的优点：

① 光纤是电绝缘的，发送端和接收端相互之间是电隔离的；

② 光纤不受电磁辐射的影响，它可以在充满电磁噪声的环境中进行通信而不受干扰；另外，光纤之间很容易实行光隔离，一条光缆中的多根光纤之间的相互串音几乎没有；

③ 光的频率极高，因此有很大的传输带宽，现有光纤通信所使用的三个实用通信窗口为短波长段的 $0.85\mu m$，长波长段的 $1.31\mu m$ 和 $1.55\mu m$。如果能充分开发 $1.3 \sim 1.8\mu m$ 波段，则一根光纤将可能传送几亿路数字电话。目前一条光纤上已能实现几十个 Gbps 的信息传递速率。

光纤通信的主要缺点有光纤质地脆、抗折性差、连接难度高等。

5.4.1　光纤通信系统的基本构成

光纤通信系统与所有的通信系统一样，由发射机、光纤信道和光接收机三个部分组成。图 5-36 是光纤通信系统的组成框图。

图 5-36　光纤通信系统的组成框图

发终端（DTE）是产生数据信号的信源，光发射机是一种 DCE 设备，其作用就是将来自 DTE 的数字基带信号经过编码后转变为光信号，并将光信号耦合进入光纤中进行传输。光接收机也是一种 DCE 设备，其作用是将通过光纤传来的光信号恢复成原来的电信号并进行解码。光纤是光纤通信系统的传输介质。

目前用于光纤通信的光载波在红外线波长范围内，波长分别为 850nm（频率为 350THz）、1310nm（频率为 230THz）和 1550nm（频率为 200THz），其中 1310nm 和 1550nm 波长较为常用。

5.4.2　光的传播与光纤

（1）光的性质

光是一种电磁能，光的传播速度与传播光的介质密度有关，密度越高，传播速度越慢，在真空中的传播速度是 3×10^8 m/s。

光在单一均匀的介质中以直线传播。如果光从一种密度的媒介进入到另一种密度的媒介中，光的传播速度发生变化，会引起光的传播方向改变，这种现象称为光的折射（Refraction）。一根部分伸入到水中的棍子看起来好像在界面上折弯了，实际上是因光的折射造成的错觉。

光的折射角度的大小与两个传播媒介的折射率及光入射角度有关。设媒介 1 和媒介 2 的折射率分别为 n_1 和 n_2，且 $n_1 < n_2$，入射角为 θ_2，折射角为 θ_1，则有

$$n_1 \sin\theta_1 = n_2 \sin\theta_2$$

媒介 1 的光折射率小，称为光疏媒介，媒介 2 的光折射率大，称为光密媒介，光从光密媒介入射到光疏媒介所产生的折射现象如图 5-37 所示。

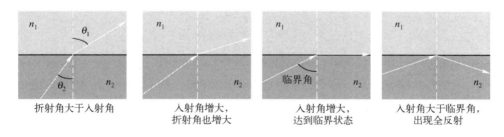

n_1　θ_1	n_1	n_1	n_1
θ_2　n_2	n_2	临界角　n_2	n_2
折射角大于入射角	入射角增大，折射角也增大	入射角增大，达到临界状态	入射角大于临界角，出现全反射

图 5-37　光在两种媒介中传播时的折射现象

从图中可以看到，光从光密媒介进入到光疏媒介时，折射角大于入射角。当入射角 θ_2 达到 $\sin\theta_2 = n_1/n_2$ 时，折射角等于 90°，此时的入射角称为临界角。当入射角大于临界角时，光不再折射到光疏媒介，而是全部反射到光密媒介，这种现象称为光的全反射。

光信号在光导纤维中的传播就是利用的光的全反射原理。

（2）光导纤维

光纤一般以光波的传播模式分类，主要有多模（multi-mode）光纤和单模（single-mode）光纤两类。

1）多模光纤。多模光纤是一种传输多个光波模式的光纤。多模光纤适用于几十 Mbps 到 100Mbps 的码元速率，最大无中继传输距离是 10～100km。

多模光纤可以按照光纤截面介质折射率的变化分为阶跃型多模光纤和渐变型多模光纤。阶跃型多模光纤结构最为简单，制造容易。在阶跃型多模光纤中，不同入射角的光会以不同的路径在光纤芯线中传播，同样长的一段光纤，以非常大的入射角度传送的光线将比那些几乎根本不改变方向的光线传送更远的距离。这样，一个短的光脉冲的各部分能量由于在传输过程中的时延不同会陆续地到达输出端，造成光脉冲的扩散或发散，并且扩散会随着光纤长度的增加而增加，如图 5-38（a）所示。由于这个原因，两个光脉冲之间的间隔就不能太小，因此阶跃型多模光纤的传输带宽只能达到几十 MHz·km，不能满足高码率传输的要求，在通信中已逐步被淘汰。而近似抛物线折射率分布的渐变型多模光纤能使模间时延差明显减小，从而可使光纤带宽提高约 3 个数量级，达到 1GHz·km 以上。渐变型多模光纤是在单模光纤的较高带宽与阶跃型多模光纤的容易耦合之间的一种折中。

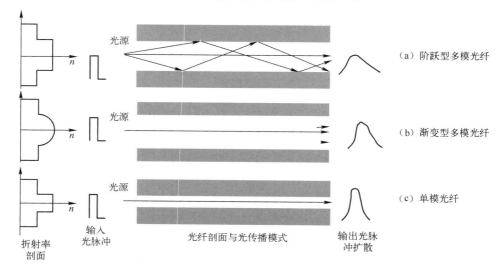

图 5-38　光纤的传输模式示意图

在渐变型多模光纤中，折射率在纤芯材料和包层材料之间不发生突然变化，而是从光纤中心处的最大值到外边缘处的最小值连续平滑地变化，如图 5-39（b）所示。这种渐变型多模光纤的带宽虽然比不上单模光纤，但它的芯线直径大，对接头和活动连接器的要求都不高，使用起来比单模光纤要方便，所以对四次群以下系统还是比较实用的，现在仍大量用于局域网中。

2）单模光纤。单模光纤只能传输光的基模，不存在模间时延差，因而具有比多模光纤大得多的带宽。单模光纤主要用于传送距离很长的主干线及国际长途通信系统，速率为几个 Gbps。由于价格的下降以及对比特传输率的要求不断提高，单模光纤也被用于原来使用多模光纤的系统。

单模光纤的外径是 125μm，它的芯径一般为 8~10μm，目前用得最多的 1.31μm 波长单模光纤芯部的最大相对折射率差为 0.3%~0.4%。CCITT G.651、G.652 建议分别对渐变型多模光纤和 1.31μm 单模光纤的主要参数作了规定。

（3）光缆

前面所述的光纤称为裸光纤，它由石英玻璃制成，比头发丝还细，强度很差，不能满足工程安装的要求。因此在光纤的拉制生产过程中还需要经过预涂覆、套塑和成缆等工序最终形成光缆。

　　光缆的结构必须能够保护每一条光纤不会因为敷设、安装而损坏。与电缆相比，光缆可以省去一些诸如屏蔽层、地线等，但由于光纤很细，制造光纤的玻璃材料很脆，在通常操作中也很容易产生事故性损伤，因此光缆结构中增加了抗拉抗折的加强构件。图 5-39 是光纤芯线和一种光缆的结构图。实用的光缆结构有很多种，室内的、室外的和用于埋层的以及海底的光缆在强度、密封性能、抗弯折和抗压性能等方面要求不同，因此其结构也不相同。

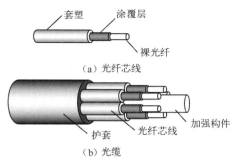

（a）光纤芯线

（b）光缆

图 5-39　光纤芯线与光缆

5.4.3　光纤的连接

　　光纤的连接有两种情况，一种是永久性连接，类似于电线电缆中的焊接；另一种是活动连接，类似于插头与插座的连接。光纤的连接必须满足以下几点要求。

　　1）插入损耗要小。接头插入损耗的大小直接影响了光纤系统的无中继距离，一般要求接头的插入损耗小于 0.3dB。

　　2）接头要保证有足够的机械强度。光纤和光缆在敷设过程中要承受各种拉力、弯折和挤压，在外护层和护套的作用下光纤受到保护。在光纤的连接处，由于外护层和护套被剥去，光纤芯线会受到较大的应力，因此需要靠连接头来传递两根芯线的外护层之间的拉力，并使接头不直接承受压力和折弯力。

　　3）密封。用以防水和防潮。

　　4）操作方便。在多数情况下，光纤的连接在施工现场进行，操作条件比较差，连接头的使用必须简单、方便。

　　以下介绍几种光纤的连接方法。

　　（1）电弧熔接法

　　电弧熔接法是将光纤两个端头的芯线紧密接触，然后用高压电弧对其加热，使两端头表面熔化而实现永久的连接，图 5-40 是光纤的电弧熔接过程。专门用于电弧熔接的设备称为光纤熔接机，目前可达到的插入损耗约在 0.02dB（单模光纤）和 0.01dB（多模光纤）。

　　（2）活动连接

　　活动光纤连接器通常由下述三部分组成：

　　1）光纤端接元件，保护和定位光纤端面；

　　2）对准规，定位光纤端接元件对，该部件使光纤的两个连接部分耦合最佳；

　　3）连接器外壳，保护光学接触不受环境的影响，将对准规和光纤端接元件固定在应有的位置，并端接光缆护套和应变元件。

　　活动光学连接器有两大类。第一类是对接，在这种连接中，两个要连接的光纤端面互相靠紧并对准，以便两根光纤的轴线重合。图 5-41 是一种光纤的对接元件结构图。将一根切头光纤固定在宝石孔的中央，形成连接器的一端。连接器的另一端有一根位于金属套的中心

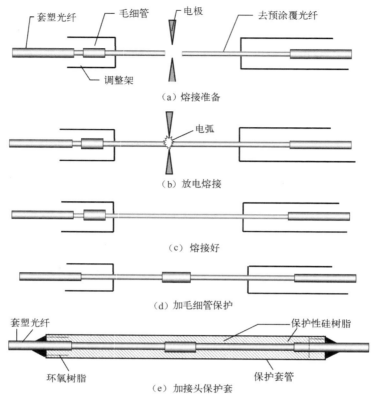

（a）熔接准备

（b）放电熔接

（c）熔接好

（d）加毛细管保护

（e）加接头保护套

图 5-40　熔接法光纤连接示意图

并伸出金属套端面的光纤。光纤的伸出部分用硅橡胶锥保护，硅橡胶锥还有助于光纤插进宝石孔内连接器，保证初步对准。

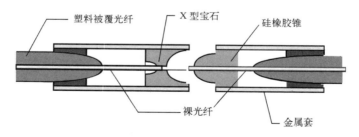

图 5-41　光纤对接元件示意图

　　第二类是用扩展光束法连接光纤。在这种方法中，发射光束由半个连接器增大这种扩展了的光束，再由另外半个连接器缩小到与接收光纤的芯线尺寸一致。由于光束被扩展，因此即使连接过程中存在两边轴线不一致的情况，其影响也会大大减小。将光纤端头做成锥形或透镜形状，就可以使光束扩展。当把一个制备好的光纤端头固定在一个透镜的焦点上时，直径大于光纤芯线直径的准光束从透镜射出。当两个端接元件对准时就产生光学连接，如图5-42所示。光纤必须放在透镜的焦点上，其准确度与两条光纤对接的准确度相同，因为接收光纤实际上是与发射光纤镜像对接的。由于光束直径增大，降低了连接公差的要求，既使存在着横向位移、轴向间隙以及端面的灰尘，衰减也不会增大很多。

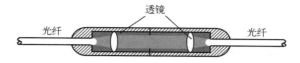

图 5-42　透镜法活动光纤连接器

　　活动光纤连接器从外形看也有两大类,一类是螺旋式,另一类是插拔式。图 5-43、图 5-44
分别是这两种连接器的外形图。

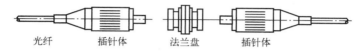

图 5-43　螺旋式活动连接器结构图

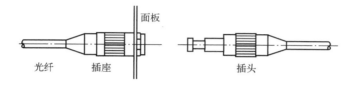

图 5-44　插拔式活动连接器结构图

5.4.4　无源光器件

1. 光衰减器

　　光衰减器是调节光强度不可缺少的器件。主要用于满足光通信系统指标测量、短距离通
信系统的信号衰减以及系统试验等的要求。光衰减器一般使用金属蒸发镀膜滤光片作为衰减
元件,依据镀膜厚度来控制衰减量。它可分为固定衰减器和可变衰减器两种,对光衰减器的
要求是体积小、重量经、衰减精度高、稳定可靠、使用方便等。

　　固定衰减器用于光纤传输线路中,可对光强度进行预定量的精确衰减。一般固定衰减器
直接配有标准插座,可与活动连接器配套使用,也可以带尾纤直接熔接在线路中。目前国产
固定衰减器的工作波长为 $1.31\mu m$ 和 $1.55\mu m$,衰减量分挡为:5dB、10dB、15dB、20dB、
25dB,各挡的误差均为 ±1dB,适应工作温度为 −40 ～ +80℃。

　　可变衰减器通常是步进衰减与连续可变衰减相结合工作的。改变金属蒸发膜的厚度,可
以使衰减量连续变化。目前的可变衰减器一般由 10dB × 5 步进衰减与 0 ～ 15dB 连续可变衰
减构成,最大衰减量可达 65dB。

2. 光隔离器

　　光纤连接时由于端面的不匹配会造成光的反射,反射光进入到激光器后会使激光器工作
不稳定,这时需要由光隔离器来阻止反射光的进入。

　　光隔离器一般用两个偏振器构成,分别称为起偏器和检偏器。每个偏振器对光进行 45°
的偏振旋转,两个偏振器互成 45°,这样对于前向光来说只经过每个偏振器一次,只受到很
小的衰减(约为 0.5dB),而对反射光则需经过两次,会受到很大的衰减(约为 25dB)。

3. 光开关

光开关用于使光在不同的传输线路中进行转换，它可以有选择地将光信号送到某一根光纤中。

光开关有两种，一种是机械式的，通过移动光纤本身或移动棱镜、反射镜和透镜等中间物进行光的转换，其移动方式是通过人工或电磁铁的作用来完成的。另一种是非机械的，利用光电效应和声光效应进行转换。前者的转换时间一般为 2～20ms，插入损耗为 2dB 左右。

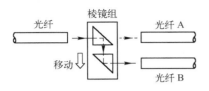

图 5-45　光开关原理图

光开关的原理如图 5-45 所示。当棱镜组插入时，光信号被送入到光纤 B 中，移去棱镜组则光信号送入到光纤 A 中。

4. 光分路耦合器

光分路耦合器是分路和耦合光信号的器件。在光分路器中，希望分路比与输入模式无关。光分路耦合器可分为两分支型和多分支型两种。前者用于光通路测量，要求分路比可任意选择；后者用于光数据总线，要求输出信号分配均匀。图 5-46 是一种两分支型光耦合原理图和实物图，另外常用的还有四根光纤的星形耦合器，它可以用做数个终端之间同时进行通信的光数据总线。

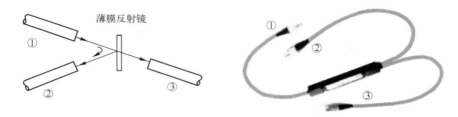

图 5-46　两分支型光耦合器

5. 光调制器

为了实现数 Gbps 以上的超高速调制，一般应使用光调制器。从原理上说，光调制器是通过电光效应（外加电场），或声光效应（弹性波）使折射率变化，或利用磁场引起的法拉第效应，使光的透过率发生变化来实现光调制的。

5.4.5　光发射机

光发射机包括光源、光源驱动与调制以及信道编码电路三部分，如图 5-47 所示。

（1）光源

现在普遍采用两种半导体光源做光纤通信系统的光源，一种是注入式激光器（LD，Laser Diode），在短波长使用 GaAs 和 GaAlAs 双异质结构激光二极管，在长波长段使用 InGaAsP 双异质结条形激光二极管，另一种是发光二极管（LED，Light Emitting Diode）。这两

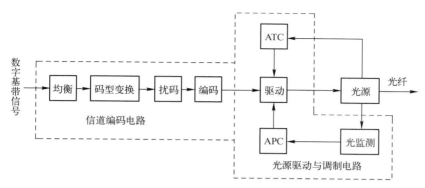

图 5-47　光发射机组成框图

种器件的工作原理是当电子从导带落到价带时，它们就发射光子。二者的主要区别是：激光器能产生受激辐射，而发光二极管总是自发辐射，不能受激辐射。因此激光器特别亮，可以将较大的光功率射入光纤，激光器的反应速度也很快，线宽（或工作波长范围）比发光二极管窄，在光纤中传输时不易造成色散，因而能增大光纤的最大可用带宽，这对于大容量远距离通信系统来说是非常重要的一个指标。图 5-48 是发光二极管和激光二极管的光功率谱。

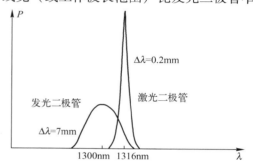

图 5-48　激光二极管与发光二极管的光功率谱

　　一般情况下发光二极管比激光器更适合于线性系统，这是因为发光二极管的输出功率与调制电流的关系接近于光滑的直线。而激光器却是非线性的，只适合于二进制信号。应指出，激光器的非线性与多模效应有关，因此，单横模激光器研制成功之后，在常用的波长范围内就有了线性度较好的激光器。

（2）光源驱动与调制电路

　　半导体光源在直接调制时，输出的光功率只受调制电流的控制。功率/电流（P/I）特性是光发射机设计的起点。图 5-49 上有两条（P/I）曲线，一条是激光器的，另一条是发光二极管的。由图可以看到激光器有门限电流，超过门限电流时才出现受激发射。

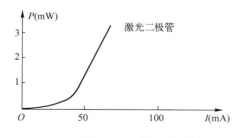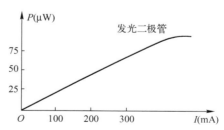

图 5-49　激光二极管与发光二极管的功率 – 电流关系曲线

光源驱动与调制电路的功能有以下几个。

　　1）调制。在信号的作用下，控制激光二极管或发光二极管的电流，使其为零（不发光，相对于信码 0）或为预先规定的值（发光，相对于信码 1）。这个功能由光发射电路中的驱

105

动电路（一种受控恒流源）完成。

2）自动光输出功率控制。一方面是为了使光输出信号电平保持稳定，另一方面要防止光源因电流过大而损坏。另外，光输出功率过大也会使光源的输出散弹噪声增加，系统的性能变差。这个功能由光发射电路中的 APC 电路完成；

3）温度控制。对激光二极管而言，结温高时光输出功率会下降，在 APC 的作用下控制电流就会自动增加，使结温进一步升高，造成恶性循环而导致激光二极管损坏。光发射电路中的 ATC 电路用以进行光源的温度控制。

光源驱动与调制电路的光功率控制有以下 2 种方法。

1）直接光强度调制。在光纤数字通信系统中，由于对 P/I 的线性要求不高，因此常用激光二极管作光源。直接光强度调制就是用二电平脉冲控制激光二极管的驱动电流，产生相应的两种光功率输出，如图 5-50 所示。

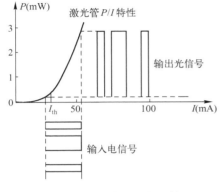

图 5-50 直接光强度调制

图中，I_{th} 是激光二极管的阈值电流，当驱动电流大于 I_{th} 时激光管发光，小于 I_{th} 时激光管不发光，即输出光功率为 0。为了减小对信号电流幅度的要求，一般先对激光二极管加偏置电流 I_B，I_B 的选择可略小于 I_{th}。

在确定激光二极管的驱动电流时，除了要考虑光输出功率、激光二极管的极限参数、输出噪声之外，还应考虑接通延迟的问题。如果加到激光器上的脉冲电流高于门限值，则激光器出现发射前有几皮秒的延迟，但切断电流时没有延迟，因此输出脉冲变窄，这就限制了激光器的调制频率。加到激光器上的激励电流超出门限越多，延迟越小。

2）自动光功率控制。APC 电路的形式有多种。图 5-51 是一个平均功率反馈系统的例子。在这种系统中，光发射机能够自动调节输出，使平均功率保持恒定。

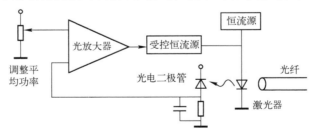

图 5-51 平均功率反馈系统

图 5-51 中，监测光电二极管用于检测激光器发出的光功率，经放大器放大后控制激光器的偏置电流，使其输出的平均功率保持恒定。

（3）信道编码电路

信道编码电路用于对基带信号的波形和码型进行转换，使其适合于作为光源的控制信号。如果将光发射机的输入端至光接收机的光检测器输出端看做是一个数字基带信道，则这个光纤通信系统仍可以看做是数字基带传输系统，因此同样需要信号的信道编码，如进行波形转换，加密，抗干扰编码等。必须提出的是，在数字基带信号传输时用到的 AMI 码和

HDB$_3$码不能被用于光信号的控制，因为它们是三电平码，有 +E、0、-E 三个电平，而光信号无法反映这三个电平，因此需要寻找新的码型。目前在光纤通信中用的比较多的码型有扰码、mBnB 码和插入码等。

1）扰码。扰码是将输入的二进制 NRZ 码序列打乱重新排列，而后在接收机处解扰码，还原成原来的二进制序列。它改变了原来的码序列"0"和"1"的分布，改善了码流的一些特性。例如，一个五级扰码器的输出与输入有如下的关系，

输入：110000001100000……

输出：110111011001111……

信号经过扰码后，码元的个数未增加，但连"0"的个数大大减少。

在光通信设备中一般采用自同步型扰码，其扰码器由移位寄存器和异或门组成，形成最大周期序列（2n-1）发生器，n 为扰码器的级数。图 5-52 分别是 n 级扰码与去扰码器的原理图。

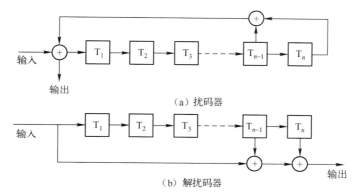

（a）扰码器

（b）解扰码器

图 5-52　扰码器与解扰码器电原理图

2）mBnB 码。mBnB 码又称分组码。它是把输入信码流中每 m 比特码分为一组，然后变换为 n 比特，且 n > m。这样变换后的码流就有了冗余，除了传原来的信息外，还可以传送与误码监测等有关的信息，并且改善了定时信号的提取和直流分量的起伏问题。m、n 越大，编码与解码器也越复杂。在光纤通信中，5B6B 码被认为在编码复杂性和比特冗余度之间是最合理的折中，在国内外三、四次群光通信系统中应用较多。表 5-2 是一种 5B6B 码的码表。

5B6B 码的输入码组长度为 5，共有 32 种组合方式，而 6B 线路码组（码组长度为 6）共有 64 种组合方式。这 64 种输出码字组成如下：20 个以 3 个 1 和 3 个 0 排列组成的均等码组即 WDS[①] = 0，如 111000，001101，100110 等；15 个以 4 个 1 和 2 个 0 组成的 WDS = +2 正不均等码组，如 101101，011011 等；15 个以 2 个 1 和 4 个 0 组成的 WDS = -2 负不均等码组。如 100100，010001 等。在将 5B 输入码组转换成 6B 线路码组时，只需要用到 6B 码的 32 种码组，上述的 50 个 6B 码组已经足够，其余的码组的 0 和 1 的不均等性更大，可不予考虑。

编码时，6B 线路码组中的 20 个均等码组与 20 个 5B 输入码组一一对应；15 个正不均等码组和 15 个负不均等码组成 15 对码组（分别称为正模式和负模式），删去其中三对码组

---

①　WDS 称为码字数字和，表示码组中 1 码与 0 码数的差值。

（000011 和 111100、110000 和 001111、000111 和 111000），剩余的 12 对与 5B 输入码组的另外 12 个码组对应；这 12 对码组交替使用。正模式和负模式交替使用，可以保证线路码中出现 0 和 1 的个数均等，无直流起伏，减小了判决电平的漂移。这样，用 32 个（对）6B 线路码组表示了 32 个 5B 信号码组。例如，从表 5-2 中可以查到，与输入 5B 码组 00011 对应的 6B 线路码组为 100011，因为其 $WDS = 0$，所以正模式与负模式相同；而与输入 5B 码组 00100 对应的 6B 线路码组为 110101（正模式）和 100100（负模式），因为其 $WDS = \pm 2$，所以正模式与负模式不同；当 5B 输入码组为 00100，00100 时，5B6B 编码器的输出为 110101，100100，1 码的总数与 0 码的总数相等。

表 5-2　5B6B 码表

输入 5B 码组	6B 线路码组		输入 5B 码组	6B 线路码组	
	正模式	负模式		正模式	负模式
00000	110010	110010	10000	110001	110001
00001	110011	100001	10001	111001	010001
00010	110110	100010	10010	111010	010010
00011	100011	100011	10011	010011	010011
00100	110101	100100	10100	110100	110100
00101	100101	100101	10101	010101	010101
00110	100110	100110	10110	010110	010110
00111	100111	000111	10111	010111	010100
01000	101011	101000	11000	111000	011000
01001	101001	101001	11001	011001	011001
01010	101010	101010	11010	011010	011010
01011	001011	001011	11011	011011	001010
01100	101100	101100	11100	011100	011100
01101	101101	000101	11101	011101	001001
01110	101110	000110	11110	011110	001100
01111	001110	001110	11111	001101	001101

码表中未列出的其他码组作为禁用码组，供码组同步与误码监测用。这种码表是按其平均误码增值[1]最小的方式构成的，其平均误码增殖为 1.281，最大为 3。最大连 0 或连 1 数为 5。5B6B 码的码速增加不太多，对通信系统的有效性影响不大，编译码电路较简单，并且具有一定的误码监测能力。

3）插入码。插入码是把输入原码以 m 比特为一组，在每组的第 m 位之后插入一码，组成 $m+1$ 个码一组的线路码。根据插入码的规律不同，可以主要分为 mB1C、mB1P 和 mB1H 码三种。

在 mB1C 码中，C 码为反码或补码。原则上说，C 码可以是 m 个比特中任一比特的补码，但一般是最后一个 B 码的补码。如 m 位为"0"，则加"1"，如 m 位为"1"，则加"0"。例如，

---

① 平均误码增值表示一个线路码的误码在收端译码后对信号码造成的误码平均数，一般都大于 1。

3B 码：1 0 0，1 1 0，0 0 1，1 0 1，1 1 1，0 0 0，0 0 0

3B1C 码：1001，1101，0010，1010，1110，0001，0001

mB1C 码不仅使码流中不再出现长时间的连"0"或连"1"码，同时也有一定的误码检测能力。

在 mB1P 码中，P 码为奇偶校验码。P 码是"1"还是"0"取决于 $m+1$ 位码组中要求"1"码的个数为奇数或为偶数。例如，奇校验 3B1P 码如下，

3B 码：1 1 1，0 1 0，1 1 1，1 1 1，0 0 0，0 0 0，1 0 1

3B1P 码：1110，0100，1110，1110，0001，0001，1010

在 mB1H 码中，H 码为一个混合码，它可以包括误码检测和辅助信号等。

5.4.6　光接收机

光接收机包括光电检测器、光信号接收电路和信道解码电路三部分，如图 5-53 所示。

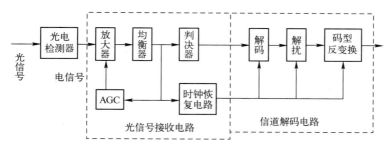

图 5-53　光接收机组成框图

（1）光电检测器

光电检测器的作用是将来自于光纤的光信号转换成电流。在早期的光纤通信系统中曾使用了诸如真空光电二极管、光电倍增管等器件，但目前半导体光电二极管检测器由于尺寸小、灵敏度高、响应速度快以及工作寿命长等优点，使其几乎成了光纤通信系统的唯一选择。

1）PIN 管。半导体光电二极管是一种具有特殊结构的二极管。其 PN 结中的耗尽层是透光的。当 PN 结的耗尽层接受光子时，每个光子会产生一个电子－空穴对，并且在外加电场的作用下形成电流。由于通常二极管的耗尽层很窄，光电转换的效率比较低，故在制作光电二极管时将 P 型半导体和 N 型半导体之间保留一块本征半导体。这种光电二极管称为 PIN 管。图 5-54 是 PIN 管的原理结构图。

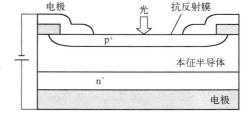

图 5-54　PIN 管的原理结构图

2）半导体雪崩光电二极管（APD）。APD（Avalanche Photo Diode）管的核心还是 PN 结，其 P 层和 N 层的掺杂浓度高，在耗尽层中形成高电场区。当 PN 结两端加上反向的高电压时，由光子产生的电子和空穴在高电场区域内很快加速，得到很高的能量，并与半导体晶格碰撞，产生新的更多的电子－空穴对，出现了光的倍增过程，在同样功率的光信号照射

下，APD 管能够输出比 PIN 管更大的电流。在倍增过程中，每个初始电子 - 空穴对产生的导电电子的平均数等于倍增因子 M，M 由反向偏压决定。通常情况下，APD 能得到 20dB 左右的增益，且信噪比也要比 PIN 管好。

在 $0.85\mu m$ 波段目前主要用硅半导体材料做光电二极管，而在 $1.35\mu m$ 波段主要是用锗半导体材料。

（2）光接收电路

光接收电路的功能有以下三个。

1）低噪声放大。由于从光电检测器获取的电信号非常微弱，在对其进行放大时首先必须考虑的是放大器的内部噪声，制作高灵敏度光接收机时，必须使热噪声最小。若用无倍增作用的光电二极管，如 PIN 器件，则由于光电二极管的输出电流很小，其后的第一级放大器应有更小的热噪声，因此光接收电路首先应该是低噪声电路。图 5-55 是一种应用较广的光前置放大电路，采用电流负反馈使其具有很低的输入阻抗，可以得到很小的噪声系数。为了进一步改进噪声指标，光电二极管和第一级放大器可以集成在一个管芯上，使光电二极管的有源面积最小，以减小电容。

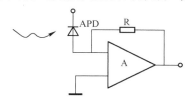

图 5-55　采用电流负反馈的光前置放大电路

2）给光电二极管提供稳定的反向偏压。当电流特别小时，PIN 光电二极管只需 5～80V 的非临界电压。因此提供稳定的偏压没有问题。然而，雪崩光电二极管则不同，一般情况下要求偏压 V_B 等于 100～400V。由于倍增因子与 V_B 及温度的函数曲线很陡峭，而且同一型号不同管子的倍增因子不同，因此选择合适的偏压 V_B 很重要，这在设计过程中也比较困难，需要反复调试。

必须控制 APD 的偏压使倍增因子保持在最佳值附近。因为当倍增因子低时，APD 会产生较大的热噪声；而倍增因子过高时则会有较大的散弹噪声。

图 5-56 是两种 APD 的偏置电路。图 5-56（a）中，APD 的偏置由一个直流恒流源提供，电容 C 交流接地，用于消除各种信号对恒流源的影响，同时使 APD 和低噪声放大器构成交流回路。如果平均电流已由偏压电流确定，而且输入的平均光功率已知，则以安培/瓦定义的增益是固定的，与温度和器件都无关。图 5-56（b）中，用一个高压稳压器给 APD 提供直流偏置，如果 APD 的偏压低于最佳值，则 APD 的增益将很小，峰值检测器的输出也很小，经比较放大器控制高压稳压器使电压升高，从而使 APD 的增益也提高，直到 APD 的增益达到要求值才稳定下来。

3）自动增益控制。虽然光纤信道是恒参信道，但仍有可能因为整个系统中的光电器件的性能变化、控制电路的不稳定以及器件的更换等各种原因而使光接收电路所接收到的信号的电平发生波动，因此光接收机必须有自动增益控制的功能。在图 5-56（a）中，由于光电检测器的输出电流只由维持恒定的输入电流来限定，因此这种方法提供了 100% 的自动增益控制。这将使输入光信号功率有较大幅度变化时保持基本恒定的输出，可以大大缩小加到其后的低噪声放大器上的信号的动态范围，因而光信号的动态范围可增大 10～20dB。这种方法最简单，不需要温度补偿或预先调整。图 5-56（b）电路中，峰值检波器对低噪声放大器后面的交流耦合信号进行检波，将检波电平与预置参考电平进行比较，并反馈回去调节高压电流使峰值检波电平保持恒定不变，这样就制成一个消除了光电二极管暗电流影响的恒流

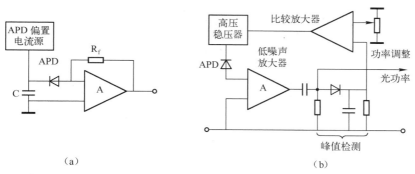

（a）
（b）

图 5-56　APD 的恒流偏置电路

源。这种方法对于光电二极管存在较大的暗电流时很有用。

（3）信道解码器

信道解码器是与信号发送端的信道编码器完全对应的电路，即包含了解密电路、解扰电路和码型反变换电路。

5.4.7　中继器与掺铒光纤放大器

（1）中继器

中继器的作用是接收已衰减的光信号，将其转换成等效的可以重新放大、整形、定时的电信号，然后再重新转换成向光纤输送的光信号。图 5-57 是中继器的简化方框图。由图可以看出，光输入信号照射到恒流偏置的雪崩光电二极管上。如上节所述，采取了温度补偿和高达 10dB 的自动增益控制两种措施。雪崩光电二极管后面接有低噪声互阻抗放大器。经过进一步放大以后，所提供的自动增益控制范围又可以补偿 15dB。在检测器之前插入中性密度滤光镜，还可以进一步扩大动态范围。后面的均衡器是与可变频率滤光镜连在一起的可调单抽头横向型均衡器。定时提取单元受 $Q \approx 100$ 的 LC 振荡回路的影响。经门限检测和再生以后的信号应该和原来的二进制信号一模一样，并且用做激光调制器的驱动信号。利用前面所述的任意一种反馈电路控制激光器的光输出量。

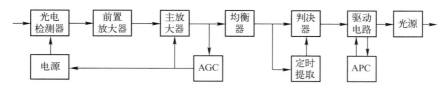

图 5-57　光中继器组成框图

由于近年来迅速发展的掺铒光纤放大器（EDFA，Erbium-doped Optical Fiber Amplifer）具有频宽带、高增益、低噪声、高输出等优良特性，可作中继器、发送端功放、接收端前置放大使用，使系统中继距离大大延长。光放大媒体为掺铒光纤，放大信号的波长为 1.53 ~ 1.56 μm，采用波长为 1.48 μm 或 0.98 μm 的半导体激光器激励。

（2）掺铒光纤放大器

掺铒光纤放大器是利用光纤的非线性效应制作的。当光纤输入功率大到一定程度时，光纤对光的传输不再是线性关系。在石英光纤芯子中掺入微量的铒元素，当泵浦光输入掺铒光纤时，高能级的电子经过各种碰撞后，发射出波长为 $1.53 \sim 1.56 \mu m$ 的荧光，这是一种自发辐射光。没有信号光入射时，荧光之间处于非相干状态。当某一频率的信号光入射时，它会接受强输入光（泵浦光）的能量，沿着光纤逐步增强，而输出一个与信号光频率相同、传输模式相同的较强光，产生了光放大。图 5-58 是掺铒光纤放大器的结构和原理图。当使用 $1.48 \mu m$、$0.98 \mu m$ 及 $0.8 \mu m$ 激光器作泵浦光源时，可得到 30dB 以上的增益，最高可达 46.5dB。

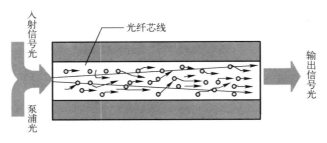

图 5-58　掺铒光纤结构原理图

掺铒光放大器等一类器件的出现，使光信号的放大无需经过光－电－光的转换过程，不仅简化了设备，提高了系统的可靠性，而且还降低了系统噪声，使系统无中继传输距离大大提高，目前在高速传输系统中利用掺铒光纤放大器已使光纤系统的无中继距离达到了 200km 以上。

由于掺铒光纤放大器具有宽带特性，在波分复用系统中可以用一个放大器对各个波长的信号同时放大，因此被广泛用于波分复用（WDM）系统中。

5.4.8　波分复用技术

由于光纤具有很宽的带宽，因此可以在一根光纤中传输多个波长的光载波，这就是波分复用，类似于无线信道中的频分多路复用。图 5-59 描绘了一个波分复用系统的组成和工作过程。图中，T_1、R_1 分别是工作波长为 λ_1 的光发送和接收设备，T_2、R_2 分别是工作波长为

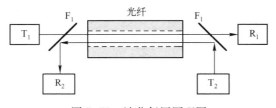

图 5-59　波分复用原理图

λ_2 的发送和接收设备；F_1 是一种滤光反射镜，它可以使波长为 λ_1 的信号穿过，而对波长为 λ_2 的信号则产生镜面反射。这样，利用滤光反射镜可以将两种不同波长的光进行汇合或分离，达到在一根光纤上传送多个波长的光信号的目的。

如果使用多组性能不同的滤光镜，就可以实现在一根光纤上进行多个波长的光通信，其结果是不需要敷设新的光纤就能获得等同于增加多条光纤的带宽增益。目前市场上已有了 WDM 的 30 信道和 40 信道容量的系统。

图 5-60 是一个利用 $1.3 \mu m$ 零色散光纤，在 150km 上传输 1.1Tbps（55 个波长 × 20Gbps）的波分复用传输实验系统。该系统采用了 46 个分布反馈型激光器（DFB-LD, Distributed Feedback Laser Diode）和 9 个外腔可调谐激光器作为泵浦光源，55 个信道被安排在

从 1531.70nm（195.725THz）至 1564.07nm（191.675THz）的波长范围内，信道间隔为 0.6nm，这些光信号通过一个 LiNbO$_3$ 马赫—曾德调制器，用 20Gbps NRZ 电信号进行外调制。

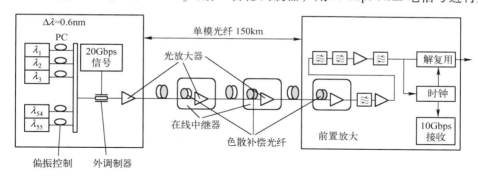

图 5-60　55 波分传输系统示意图

该系统在 150km 的光纤中增设了两个在线中继器。每个中继器和接收端的前置放大器都使用了一段色散补偿光纤和一个掺铒光放大器，这些掺铒光放大器均工作在非饱和区，以获得一个更宽的波长范围，其 0.5dB 带宽是 19nm，发送功率为 +13dBm，所有信号通过 150km 的单模光纤传输。

本章小结

双绞线是最常用的传输介质之一，被大量地用于电话网中。各类数据通过调制解调器后可以借助电话网进行传输，也可以通过数字用户线进行传输。非对称数字用户线 ADSL 是近年来应用较广的一种数字用户线，它可为用户提供不对称的双向信道，下行速率可达到 9.2Mbps，上行速率可达到 384Kbps 或更高。高速数字用户线 HDSL 在 3.6km 的距离内可以进行速率为 1.168Mbps 的全双工数据传输。

信号可以以电磁波的形式在无线空间传播。常见的电磁波传播方式有中波地表面波、短波电离层反射波、超短波、微波直射波等。数字无线电传输系统的设备主要是无线电发射机和无线电接收机。数字基带信号在无线电发射机中经过调制、放大变成高频频带信号并由发射天线转换成电磁波后向空间辐射；无线电接收机将接收天线感应的信号经过放大、滤波、解调并经过取样判决恢复成原来的基带信号。

卫星通信是一种以通信卫星为中继站进行通信的方式，它可以实现大容量、远距离和稳定可靠的通信。通信卫星中的转发器是用于信号中继的主要设备，它将发自某一地球站的信号接收并放大再回送到另一地球站。一颗卫星可以有若干个转发器，转发器有双变频转发器、单变频转发器和处理转发器三种形式。地球站是卫星系统和地面通信网的接口，地面用户通过地球站出入卫星系统。地球站主要由大功率发射机、高灵敏度接收机、高增益天线以及与地面通信网络接口设备组成。

数字光纤通信系统主要由发送光端机、光缆、光中继器和接收光端机组成。光纤有单模光纤和多模光纤两种，单模光纤主要用在要求传输速率高的场合。发送光端机的作用主要是通过数码强度调制实现电/光转换，并将光信号耦合到光纤中传输。光中继器的作用主要是补偿受到损耗的光信号，并对已失真的光信号进行整形、以延长光信号的传输距离。接收光端机的主要作用是通过直接检波实现光电转换并将电信号送到 PCM 复用设备处理。利用波分复用技术（WDM）可以使一根光纤传送多个不同波长的光信号，提高光纤系统的通信容量。

思考题与习题

5.1 用于电话网中的双绞线其传输带宽（　　）

    A. 随线径的增加而增加　　　　B. 随线径的增加而减小　　　C. 与线径无关

5.2 一般来说，传输媒介的传输带宽（　　）

    A. 随传输距离的增加而增加　　B. 随传输距离的增加而减小　　C. 与传输距离无关

5.3 使用拨号方式上网时（56Kbps Modem），在用户线上传输的信号带宽为（　　）

    A. 56kHz　　　　　　　　　　B. 3.1kHz　　　　　　　　　C. ＞3.1kHz

5.4 ADSL 信号总带宽

    A. 6MHz　　　　　　　　　　B. 384kHz　　　　　　　　　C. ＞3.1kHz

5.5 为什么说回波抑制方式比 TDD 方式在同样系统传输速率下信号的衰减小？

5.6 一台位于南京的收音机可以收到来自北京的中波广播，其电磁波的传播模式是（　　）

    A. 地表面波　　　　　　　　　B. 空间直射波　　　　　　　C. 天波

5.7 位于南京的电视机不能直接接收从上海电视塔发射的电视信号，这是为什么？

5.8 设某一电视发射塔距地面的高度为 300m，电视机天线距地面的高度为 10m，如果电视台发送的信号功率足够大，试问该电视信号的覆盖范围是多大？

5.9 为什么在收听短波广播时，远地台的信号时大时小？

5.10 CT2 手机中为什么要用频率合成器而不是用晶体振荡器来产生正弦波信号？

5.11 同一个 CT2 系统中，如果两台手机同时工作，其中一台主要靠什么电路来抑制另一台的干扰？

    A. 天线滤波器　　　　　　　　B. 中频滤波器 1

    C. 中频滤波器　　　　　　　　D. 解调器后的低通滤波器

5.12 高度低于同步卫星的移动卫星绕地球一周的时间（　　）

    A. ＞24h　　　　　　　　　　B. ＝24h　　　　　　　　　　C. ＜24h

5.13 试述卫星地球站使用抛物面天线的好处。

5.14 什么叫卫星通信？卫星通信有何优点？

5.15 要成为地球的静止卫星，通信卫星的运行轨道需满足哪些条件？

5.16 卫星通信系统由哪几部分组成？卫星通信线路由哪两部分组成？

5.17 卫星转发器的主要作用是什么？它有哪几种形式？

5.18 卫星通信地球站的主要作用是什么？

5.19 FDMA 与 TDMA 有何区别？

5.20 什么是空分多址方式？

5.21 地球站应由哪几个分系统组成？各分系统的主要任务是什么？

5.22 对地球站天线的主要要求有哪些？卡塞格伦天线是如何构成的？

5.23　什么叫异频全双工方式？

5.24　什么是光纤通信？它有哪些特点？

5.25　简述光纤与光缆的结构特点？

5.26　光纤是如何分类的？各有哪些特点？

5.27　光缆敷设应注意哪些问题？

5.28　数字光纤通信系统由哪几部分组成？各有何作用？

5.29　简述 WDM 系统的工作原理。它有哪些优点？

第6章

通信网络

通信网络就是将通信终端、转接点和通信链路相互连接、实现两个以上通信终端之间信号传输的通信体系，这是包括终端设备、传输设备、交换设备和网络设备的综合系统，旨在向用户提供各种通信服务。

当前通信网络正逐步由支持单一的语音、数据、图像的网络转变为多媒体网络，并且网络的规模与覆盖范围也在不断扩大。各种网络协议的产生使通信在更大的范围内实现了标准化，典型的例子是 TCP/IP 协议为全球各类数据网的互联提供了基础平台。

目前使用的通信网有很多种类，本章将就几种业务量较大、应用较广的通信网络从其组成结构、相关协议等方面作浅略介绍。

6.1　ISO/OSI[①] 模型

6.1.1　分层结构与分层协议

一项复杂的工作需要分工合作才能完成。即便是一个简单的工作，分工合作也可以获得最佳的效益。这里以"两个公司经理的商务信函交流"这样一项工作为例说明分工的过程，从而引出通信网络分层结构与分层协议的概念。

图 6-1 是信函交流工作的流程图。经理 A 提出一种建议或想法，由秘书将其转换成商业文本，收发员将文本装入信封并标上地址，邮递员分拣后送上邮车到经理 B 的所在地，……最终，经理 B 可以知道经理 A 的建议或想法。如果经理 B 要给一个答复，可以通过上述的逆过程实现。

图中，这项工作被分成了五层，分别可以称为经理层、秘书层等。对每一层都有一定的要求，如对邮递员的要求是根据地址正确无误地分拣并送上邮车，对秘书的要求是能理解经理的想法，知道商务文本的格式及术语等。一般来说，对每一层的要求中都会包含与邻层相关的内容，这些要求在公司选聘员工时作为标准。

分层结构使一项工作的进行变得灵活而高效。任何一个人，只要能满足某一层的要求就可以承担这一层的工作，这就是"开放"的概念。在通信系统中，计算机连接电缆（包括

---

① International Organization for Standardization/Open system Interconnection，国际标准化组织/开放系统互联。

连接头）是物理层的产品，按照标准生产的连接电缆，不管出自哪一个厂商，都可被用于计算机之间的连接。

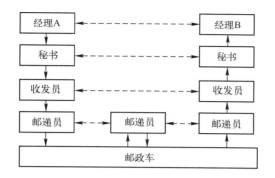

图 6-1　分层结构的概念示意图

一个通信网络所涉及的技术是多样的，并且提供这些技术的厂商可能分布在全球各地。另外，通信网络所承接的业务也有多样性，同样来自全球各地。因此"开放性"是通信网络必备的特性。国际标准化组织（ISO）为计算机通信开发了一个通用的分层结构，其标准称为开放系统互联模型（OSI），它将整个通信系统分成七个相互独立的层，每一层都有各自的任务与目标。OSI 的目标是为了让各厂家生产的设备能够互联，一些新的协议还在不断地制定。几乎所有的计算机制造厂家原则上都支持 OSI 的概念。

6.1.2　OSI 模型

开放系统模型把通信网络的全部功能划分为数据传输功能和数据处理功能两大部分，数据传输功能为数据处理功能提供传送服务。传输功能和处理功能又进一步被分为七层，如图 6-2 所示。

参考模型中的七层分别为物理层、数据链路层、网络层、传输层、会话层、表示层和应用层。下面简述每层的功能。

（1）物理层。物理层控制节点与信道的连接，提供物理通道和物理连接以及同步，实现信息基本单元（码元或比特）的传输。物理层协议规定"0"和"1"的电平是几伏，一个码元持续多长时间，数据终端设备（DTE）与数据传输设备（DCE）接口采用的接插件的形式等。典型的物理层协议的例子是 RS—232C。

（2）数据链路层。数据链路层是两个通信实体之间一条点对点的信道。包括数据传输设备和数据终端设备。数据链路层协议保证数据分组从通信链路的一端正确地传送到另一端。在这一层中，协议不再关心信号单个码元波形在传输过程中的变化，主要

层次	系统	协议数据单元
7	应用层	报文
6	表示层	报文
5	会话层	报文
4	传输层	报文
3	网络层	分组
2	链路层	帧
1	物理层	比特

图 6-2　OSI 七层参考模型

是要确保数据组在传输过程中高效无误，它使用差错控制技术来纠正传输差错。

（3）网络层。网络层用于控制通信子网的运行，管理从发送节点到收信节点的虚电路。

协议规定网络节点和虚电路的一种标准接口，完成网络连接的建立、拆除和通信管理，包括路由选择、信息流控制、差错控制以及多路复用等。

（4）传输层。传输层是主计算机–主计算机层，或者说是端–端传输控制层。传输层的主要功能是建立、拆除和管理传送连接。

（5）会话层。会话层是用户进网的接口，着重解决面向用户的功能，例如会话建立时，双方必须核实对方是否有权参加会话，由哪一方支付通信费用，在各种选择功能方面取得一致。

（6）表示层。表示层主要解决用户信息的语法表示问题。表示层将数据从适合于某一用户的语法，变换为适合于 OSI 系统内部使用的传送语法。

（7）应用层。假定网络上有很多不同形式的终端，各种终端的屏幕格式都不同，应用层就要设法转换。

物理层协议是唯一直接面向比特传输的协议，也是唯一只能用硬件来实现的协议。其他各层都是对数据进行处理（如各种编码），都可以用软件来实现。然而，在有些情况下用硬件实现要比用软件实现更有效，比如进行简单编码时，由逻辑电路实现要比用计算机运算的速度更快，因此数据链路层和网络层也往往会用硬件实现，更高层的协议基本上都是用软件实现的。

图 6-3 是两台计算机之间的通信过程（如发送电子邮件）。一个用户以它的文字处理程序向 A 计算机的应用层发布文件传送命令，应用层将其送到表示层，在这一层上对数据的格式进行修改，然后数据被送到会话层，在这里请求与目标进行连接，并将数据送到传输层。传输层为了便于数据的传输将整个文件分成若干个可管理的数据块并送到网络层。网络层选择数据的路由后数据被送到数据链路层。链路层要在数据上加一些额外的信息以便于接收端进行检错与纠错。最后，这些数据被送到物理层，物理层形成数据波形，通过物理信道发向目标计算机。

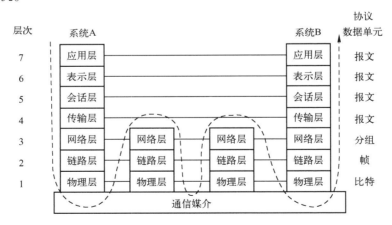

图 6-3　OSI 模型下的文件传输示意图

由物理层发送的数据不仅包括应用层的文件，也包括所有其他各层添加的一些信息。每一层都会以修改数据的形式来完成它的功能。例如，网络层加的比特用来定义路由，指示数据传送的路径，数据链路层会在表示英文符号的七位信息码中加上一位校验码用于检错与纠错。有时候物理层发送的数据量可能会比最初来自应用层的数据量多出一倍。在接收端，B

计算机的各层都会检测与它们功能有关的 1 或 0，之后将这些外加的数据消去，送到上一层。最终到达 B 计算机应用层的数据量则与发送端 A 计算机应用层送出来的数据量相同。

上面的例子没有考虑传输过程中出现错误的情况。如果计算机收到有错误的数据并已检测出来，它就有可能请求 A 计算机重发，这个请求会从 B 计算机的应用层向 A 计算机的应用层传送，A 计算机会根据这个请求指示数据链路层重发，因为数据链路层是负责实现无差错传输的。数据链路层将重发的信号通过 A 计算机的物理层、通信介质、B 计算机的物理层到数据链路层。如果再有错误，刚才的过程就要重复；如果不再有错，就将数据向上层传送，整个系统继续进行下面的数据传输。

6.2 计算机局域网

计算机局域网（LAN，Local Area Network）是一种可以提供高速交换连接的通信网络，适用于一座大楼、校园等，一般在几千米的范围内。LAN 一般由交换机（或集线器）、计算机、传输媒介、网络适配器（网卡）、连接设备（DB—15 插头座、RJ—45 插头座）等组成。交换机也叫交换式集线器，它通过对信息进行重新生成，并经过内部处理后转发至指定端口，具备自动寻址能力和交换作用。LAN 允许用户在不同的时间里与不同的计算机连接。LAN 的传输速度一般是几 Mbps 以上，主要取决于选择的传输介质和传输距离。现在的校园网使用光纤传输可达到 Gbps 级。LAN 适合于各种用途，包括长文件的传送。

目前大多数的 LAN 具有高可靠性，误码率很低。用户可以通过 LAN 交换文件共享资源。例如，几个用户可公用一台高速激光打印机，虽然激光打印机只与一台 PC 机直接相连，但在 LAN 上所有的 PC 机都可以通过这台 PC 机公用激光打印机，这台与打印机直接相连的 PC 机被称为打印服务器，它为其他 PC 机提供了打印业务的接入。再如，LAN 中作为通信服务器的 PC 机可以通过 Modem 或宽带接入远端的计算机和业务，其他 PC 机则共通过这台 PC 机接入远端计算机和业务。LAN 还可以提供其他的专用服务器功能。

常见的计算机网络结构是客户机/服务器结构。当数据库或资源重要的话，用户还可接入连接 LAN 的服务器的程序。客户机与服务器之间的数据流能在 LAN 上产生巨大的数据流量，这个流量在安装和管理 LAN 时必须仔细考虑。

LAN 有"中心控制"和"分布式控制"这样两种不同形式的控制方式。中心控制需要一个单个的设备来控制整个网络，这种方式的缺点是一旦控制器出现故障将会使整个网络瘫痪。现行大多数 LAN 都采用分布式控制，接入网络的所有设备实际上管理着网络，无须中心设备。接收与发送信息的指令必须在所有接入网络的设备中建立，通常利用硬件与软件的组合。例如，在一个使用分布式控制的 LAN 网中，10 个 PC 都要承担运营网络的责任，每个 PC 机通常包含了一个特殊的网络接口卡，并且使用专用的网络软件程序。

分布式控制的一个优点是在增加新的用户时，只需安装接口卡和软件，并将 PC 机接到网络中而无须向中心处理器或控制器说明，因此网络的扩展很容易。每增加一个用户，只需增加与该用户相关的费用，对一个单位来说，开始时可以只建一个较小规模的网络，以后随着单位的扩大可以不断地增加网络的用户数。

分布式控制的主要缺点是如果一个设备出现故障，可能会导致整个网络无序。许多 LAN 预备了一些中心监控以便随时关闭出问题的网络站点。

6.2.1　LAN 的拓扑结构

图 6-4 是 LAN 常用的两种拓扑结构，图 6-4（a）是环型网结构，图 6-4（b）是总线网结构。虽然从布线形式看似乎是星形网结构，各个用户之间传递的信息都要经过网络集线器（HUB），但是在 HUB 内部，数据的流向仍然是环型的或总线型的，因此这两种结构也称为星形布线环形网和星形布线总线网。

在星型布线环型网中，HUB 内是一个微小的环，数据在环内单向流动，经过每一个用户后都要回到 HUB 内。

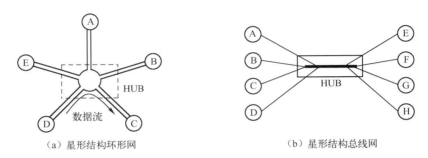

（a）星形结构环形网　　　　　　（b）星形结构总线网

图 6-4　LAN 的拓扑结构示意图

在星型布线总线网中，HUB 内部是一个微型的总线，从逻辑上讲，网络仍然是一个总线网，因为 HUB 并没有为信息选择路由。每个信息被送到 HUB，HUB 再将信息发向每个用户，用户是否读出和处理信息取决于消息头上的地址。这种形式的网络，从物理结构上看好像每个用户通过双绞线、同轴电缆或光纤与 HUB 相连，是一个星型结构。事实上，可以想象成各用户用几十米的线路将其连接到几厘米长的总线上而已，与传统的用很短的线路将用户连接到很长的总线上的情况并没有区别。

如果在一个建筑物内已经布好线，使用 HUB 可以很方便地将线路连接成环型网或总线网。用户可以加入网中，也可以从网中撤出，安装与维护都很方便。许多 HUB 能够自动地将产生错误数据的设备断开。基于上述理由，HUB 很通用。

现在有一种带有交换功能的 HUB，在计算机通信领域里也称为交换机，它的原理与上述的 HUB 有所不同，它可以发出带有地址的信息，将信息传向确定的用户，在流量和性能需要时指示用户只接收给它的数据。

6.2.2　基带与频带传输

LAN 有基带和频带两种传输方式。基带 LAN 直接在电缆上发送数字信号，而频带 LAN 通过对载波（电或光）的调制传送数据。

基带 LAN 运行成本低，但容量与传输距离有限。频带 LAN 虽然建造与维护费用较高，但能提供高带宽传输且不太受设备空间距离的限制。两者各有所长，要根据用户的需要选择。

传输介质的选择要看是采用基带 LAN 还是采用频带 LAN，以及对带宽的要求。大多数

LAN 使用双绞线或同轴电缆，在一些高速网中也用到光纤，有些无线终端的接入则使用无线信道。

6.2.3 LAN 的接入方式

无论是环形网还是总线网，当多个用户设备要共享通信线路时，LAN 必须为每一个设备分配信道。频带传输网络常使用频分多址技术将通信线路分成多个子信道供各个用户使用，基带传输网络使用时分多址技术，给每个用户分配传输时隙。无线接入时也可能使用码分多址技术。这些 LAN 接入方式与点对点通信的频分多路复用和时分多路复用类似。

（1）竞争

最常见的接入方式是竞争方式。各种竞争方式都允许设备在线路空闲时发送数据，如果线路忙，设备应在发送之前等待。由于 LAN 使用宽带传输高带宽且信息长度较短，竞争方式是有效的。例如，一个 40 页的文件可能包括 120KB 的数据，一条 10Mbps 的 LAN 线路可以在 10s 之内将数据传送完。对大多数数据来说都不会超过 40 页的长度，且各种设备也不常发送信息，网络有很多的时间是空闲的。

偶尔地两台设备会出现同时向外发送数据的现象，这时就产生了"冲突"，冲突使数据丢失，网络退出冲突的方式取决于接入方式。如果有太多的设备接入到网络中参与竞争，或有几个设备发送过长的数据都会使冲突频繁，网络性能变坏。

（2）随机接入

另一种接入方式称为随机接入，设备可以随意地发送数据，在这种方式下，设备假定线路是空闲的，事实上这种假定也是合理的。用这种方式，接收方必须向发送方反馈是否正常接收的信息，否则发送方不能确认是否出现了竞争。如果反馈表明接收方没有收到，发送方就要重发。

随机接入方式就好像是在一个三方电话会议上，每个人根据自己的要求随时讲话，而不管别人是否正在讲话，如果听不到反应，他就再讲一遍。

（3）载波感应多方接入

第三种较精确的接入方式称为载波感应多方接入（CSMA，Carrier Sense Multiple Access），发送方先检测一下网络是否空闲，如果是空闲的，就发送全部数据，然后等待接收端的确认。这期间其他采用 CSMA 方式的设备检测到网络是忙的，都不会发送数据，故不会出现竞争。但如果两台设备同时检测到线路是空的且同时发送数据的可能性还存在，只是这种情况发生的概率要小得多。

当竞争发生时，发送的数据混乱，接收方不会发出确认信号。于是发送方在设定的等待时间之后再一次发送信息。CSMA 是在随机接入基础上的改进，但它为等待确认信号需要一定的时间。

还是以三方会议为例，一方在讲话之前先看看是否有人正在讲话，如果没有，他就开始讲话，讲完后再听一下反应，如果没有反应，再重讲一遍。

还有一种改进的方法是 CSMA/CD（Carrier Sense Multiple Access With Collision Detection，载波监听多路访问/冲突检测），在这种方式下，发送端不仅在发送数据之前对网络进行检测，在数据发送的过程中也一直监测线路。设备首先要检测确认网络现在是空闲的，然后开始发送数据。如果一切正常，发送设备可以很好地监测到自己发出去的数据。然而，如果另一个设备开始在同一时间发送数据，那么两台设备都会监测到混合的数据，两台设备都停止工作，各自等待一个随机的时间后再发送。这种停、等、再发的方式称为后退（backoff）。

同样的方法用于竞争发生之后的再传输。发送端在发数据之前均对线路进行监听，以避免再次出现竞争，且在传输过程中检测另一个竞争的发生。这种方式下竞争几乎不会出现，因为只有两台设备在同时开始发送的瞬间时才可能出现。

（4）令牌

第四种 LAN 接入方式在目前也用得很多，称为令牌（token）。令牌是由 1 和 0 组成的特殊码组，共有两个，分别称为通行令牌与忙令牌。网络中的所有设备都一直在监听网络的工作状况，只有当设备接收到空令牌时才可以发送信息。图 6-5 是令牌环网的工作过程示意图，这个过程有点类似于击鼓传花游戏。具体实现步骤如下：

（a）环路中一直有一个令牌在运行，它指示网络是空闲的，可以被使用。要发送信息的设备必须等到这个令牌；

（b）B 设备看到了空令牌并决定发送数据。B 设备先将空令牌改为忙令牌，加数据与目标地址（设备 D）、它自己的返回地址，以及一些用于误码检验与监测的比特数据。这个新的数据包括现在在环路中运行，所有其他的设备只能等待，因为环路中没有空令牌；

（c）当数据到达目的地后，接收方（设备 D）根据地址接收。设备 D 根据 B 的地址接收到信息，将数据复制后并更改了一些状态比特，让忙令牌与数据继续沿环路运行；

（d）当数据到达 B 设备后，B 将原先发送的数据移去释放环路，产生一个空令牌，回到了（a）的状态。

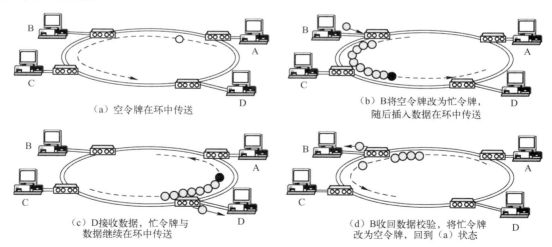

（a）空令牌在环中传送

（b）B 将空令牌改为忙令牌，随后插入数据在环中传送

（c）D 接收数据，忙令牌与数据继续在环中传送

（d）B 收回数据校验，将忙令牌改为空令牌，回到（a）状态

图 6-5　令牌环运行过程示意图

从上面的例子中可以看到，数据要经过一个完整的环路，最终回到发送端，这样发送方可以确认数据在传送过程中没有丢失。发送方还必须在整个发送过程结束后使网络回到初始状态。网络中有一个相当于网络用户的设备用来对网络的运行进行监视，称为有源监视器。另外，假如一个空令牌由于发送设备的错误而丢失，有源监视器会产生一个新的空令牌。网络中的其他设备用做备用监视器，在有源监视器出现故障时介入执行规则。令牌网现今已普

遍应用。

6.2.4　LAN 标准

LAN 提供物理层数据传输功能，同时也进行误码检测与纠正。因此也常认为其提供 OSI 模型的物理层与数据链路层功能。

大多数 LAN 标准由 IEEE 开发，称为 IEEE 802。IEEE 将数据链路层功能分为两个主要部分。第一部分称为媒体接入控制（MAC，Media Access Control），描述一个网络的接入方法，如 CSMA/CD 或令牌；第二部分称为逻辑链路控制（LLC，Logic Link Control），描述各种接入方式通用的其他功能，如误码检验。

IEEE 802 下属的各个委员会对各个不同领域的标准进行规范。标准 IEEE 802.1 提供一个 LAN 以及网络连接与系统管理的概述；IEEE 802.2 标准描述了对所有兼容 IEEE 802 网络的通用逻辑链路控制方法；IEEE 802.3 标准描述了 CSMA/CD 总线媒体接入控制方法；IEEE 802.4 标准描述媒体接入控制的令牌总线方法；令牌总线是令牌环的变形，它由 IEEE 802.5 标准描述；IEEE 802.6 标准描述对城域网（MAN，Metropolitan Area Network）的媒体接入控制方法。

6.2.5　无线局域网（WLAN）

WLAN（Wireless LAN）是利用无线通信技术在一定的局部范围内建立的网络，是计算机网络与无线通信技术相结合的产物，它以无线多址信道作为传输媒介，提供传统有线局域网 LAN 的功能，能够使用户真正实现随时、随地、随意的宽带网络接入。

整个 WLAN 系统是由计算机、服务器、网络操作系统、无线网卡（无线适配器）、无线接入点（AP）等组成。如图 6-6 所示。

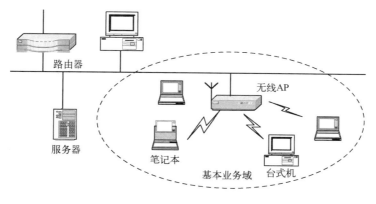

图 6-6　WLAN 示意图

图 6-6 中 AP 是 "Wireless Access Point" 的缩写，即无线访问接入点。如果无线网卡可比作有线网络中的以太网卡，那么 AP 就是传统有线网络中的 HUB，它相当于一个连接有线网和无线网的桥梁，其主要作用是将各个无线网络客户端连接到一起，然后将无线网络接入以太网。笔记本、台式机都装配有无线网卡。

在无线网络构建中，还可以用无线桥接器和天线来实现两个不同的 LAN 的互联。距离可达几十公里。

WLAN 与移动通信网络有很大的区别。首先，WLAN 及其用户属于拥有此网络的机构，而移动通信网络属于系统运营商，用户使用运营商网络提供的服务。前者用户无需付费，后者要收费。其次，二者的数据传输速率差别很大，3G 移动通信网络的目标是能提供 2Mbps 的数据速率，WLAN 能提供 54Mbps 的数据传输服务。最后，WLAN 是工作在免许可证 ISM 频段（Industrial Scientific Medical Band）上，而多数的移动通信网络是工作在需要许可证的频段上。

（1）WLAN 标准

WLAN 有两个主要标准：IEEE 802. 11 和 HiperLAN（High Performance Radio LAN）。其中 IEEE 802. 11 由面向数据的计算机通信（有线 LAN 技术）发展而来，它主张采用无连接的 WLAN；HiperLAN 由 ETSI（European Telecommunications Standard Institute，欧洲电信标准协会）提出，由电信行业（无线移动技术）发展而来，它更关注基于连接的 WLAN。目前大多数 WLAN 产品是基于 IEEE 802. 11 的。

IEEE 802. 11 标准下又有几种应用较广泛的标准。802. 11b 和 802. 11a 是 1999 年出台的标准，它们分别工作在 2.4GHz 和 5GHz 频段，前者采用直接序列扩频（DSSS，Direct-Sequence Spred-Spectrum）技术，传送速率可达 11Mbit/s，后者则采用正交频分复用（OFDM）技术，传送速率可达 54Mbit/s。802. 11g 通过采用 OFDM 技术可支持高达 54Mbit/s 的数据流，所提供的带宽是 802. 11a 的 1. 5 倍，与 802. 11b 后向兼容。

（2）WLAN 的基本技术

实现无线局域网的关键技术有 3 种：扩频技术、窄带技术和红外线技术。

1）扩频技术。大多数的 WLAN 产品都使用了扩频技术。扩频技术有跳频扩频和直接序列扩频两种。FHSS（Frequency-Hopping Spread Spectrum）局域网支持 1Mbit/s 数据速率，共 22 组跳频图案，包括 79 个信道，输出的同步载波经解调后，可获得发送端送来的信息。DSSS 局域网可在很宽的频率范围内进行通信，支持 1 ～2Mbit/s 数据速率，在发送和接收端都以窄带方式进行，而以宽带方式传输。

DSSS 和 FHSS 无线局域网都使用无线电波作为媒体，覆盖范围大，发射功率较自然背景的噪声低，基本避免了信号的偷听和窃取，通信安全性高。同时，无线局域网中的电波不会对人体健康造成损害，具有抗干扰、抗噪声、抗衰减和保密性好等优点。

2）窄带技术。在窄带调制方式中，数据基带信号的频谱不做任何扩展即被直接搬移到射频发射出去。窄带无线设备以尽可能窄的无线信号频率传递信息 。通过小心调整使用不同信道频率的用户，在信道之间避免干扰。窄带调制方式占用频带少，频带利用率高。

3）红外线技术。红外线局域网采用波长小于 1μm 的红外线作为传输媒体，有较强的方向性，受阳光干扰大。它支持 1 ～2Mbit/s 数据速率，适于近距离通信。

（3）蓝牙技术

蓝牙技术是由世界著名的 5 家大公司——爱立信、诺基亚、东芝、IBM 和 Intel，于 1998 年 5 月联合宣布的一种无线通信新技术。蓝牙（Bluetooth）原为欧洲中世纪的丹麦皇帝 Harald Blaatand 的名字，他为统一四分五裂的瑞典、芬兰、丹麦有着不朽的功劳。

蓝牙技术是一种无线数据与语音通信的开放性全球规范，它以低成本的近距离无线连接为基础，为固定设备与移动设备的通信环境建立一个特别连接的短程无线电技术。蓝牙技术可以简化小型网络设备（如移动 PC、掌上电脑、手机）之间以及这些设备与 Internet 之间的通信，免除在无绳电话、计算机、打印机、局域网等之间加装电线、电缆和连接器。

　　蓝牙使用国际上无需授权的 2.4GHz 的 ISM 频段，有 79 个无线信道，每一个信道占 1MHz。蓝牙采用 TDMA 的调制方式，总速率可达到 1Mb/s。通信距离一般为 10m，如果附加外部功率放大器，可达到 100m。为了避免 ISM 频带的干扰，蓝牙采用了多种技术自动重传应答（ARQ）、循环冗余校验（CRC）、前向纠错（FEC）、时分双工和分组交换技术及跳频技术。

　　蓝牙的主要优点是消除不同数字装置之间的界限及千头万绪的电缆线，且组网灵活，它还采用了跳频技术，抗干扰能力强。其缺点是成本高，保密性不佳，且不支持漫游。

　　蓝牙技术是下一代个人区域网（PAN）的理想实现技术，与基于 IEEE801.11 的 WLAN 相比，它在小区域组网中更有优势。随着蓝牙技术的不断发展和相应产品的相继问世，蓝牙技术将在各个领域得到广泛应用，特别是数字通信领域。

6.3　分组交换数据网

　　分组交换网主要适用于交互式短报文，数据传输速率在 64Kbps 以下，网络的分组平均时延允许在 1s 左右的场合，如金融业务、计算机信息服务、管理信息系统等，但它不适用于多媒体通信。

6.3.1　分组交换数据网的特点

　　在分组交换数据通信中，为了提高通信资源的有效利用率，一般采用根据用户实际需要来分配线路资源的方法，即统计时分复用（STDM，Statistical Time-Division Multiplexing）。具体说就是当用户有数据要传输时才分配给其资源，而当用户暂时不发送数据时，不分配线路资源，这时线路的传输能力可用于为其他用户传输更多的数据（又称动态分配或按需分配）。采用分组交换非常经济，其通信费用与实际占用电路的时间和通信量成正比。

　　分组数据经过网络到达终点有两种方法：虚电路和数据报。所谓虚电路就是两个用户终端设备在开始互相发送和接收数据之前需要通过网络建立逻辑上的连接，一旦这种连接建立之后就在网络中保持已建立的数据通路，用户发送的数据（分组）将按顺序通过网络到达终端，而当用户不需要发送和接收数据时可拆除这种连接。这种方法的优点是对于数据量较大的通信传输效率高，分组传输时延小且不容易产生数据分组的丢失，缺点是对网络的依赖性较大。数据报方式是将每一个数据分组当做一份独立的报文看待，每一个数据分组都包含目的地的地址信息。分组交换机为每一个数据分组独立寻找路径，因此到达网络的终点后需要重新排序。数据报方式的优点是对于短报文数据通信传输效率比较高，对网络故障的适应能力较强，缺点是传输时延较大。

　　由于分组交换是将数据存储在交换机内的存储器里进行分组后在网内传送的，因此它可以对交换机之间传送的分组进行纠错。并且，当终端也能像数据通信中心那样把电文分组后进行收发信时，它也可以对交换机和终端之间传送的分组进行纠错。因此，分组交换可以利用质量不很高的电路达到很低的比特差错率，实现高质量的通信。

由于每个分组都包含有控制信息，所以分组型终端尽管和分组交换机之间只有一条用户线相连，但可以同时和多个用户终端进行通信，即同时把同一信息发送到不同的用户，实现分组多路通信。这是公用电话网和电路交换的公用数据网所不能实现的。

当然，分组交换网也有其缺点。由于采用存储—转发工作方式，所以每个分组的传送延迟可达几百毫秒，故分组交换不适合实时性要求高、信息量很大的业务使用；还由于技术比较复杂、网络管理功能强等原因，大型分组交换网的投资较大。

ITU–T 已对世界各分组网进行了统一的编号、规划，使其各网能够互连。因此，X.25分组交换数据网已成为数据通信领域的主导。目前 X.25 分组交换的技术规程已非常完备，X.25 的应用更是异常广泛。

6.3.2 分组交换网络

常用的长途数据传输网之一是分组交换网络（PSN，Packet Switching Network）。PSN 提供交换服务，PSN 中的任意一个终端用户可以在不同的时间与不同的主机相连。要传送的数据被分成组，并通过 PSN 到达目的地。在目的地，分组被重新组合成原来的数据流。

现今的分组网分布广阔，每个位置称为交换节点或简称节点。各节点之间由交换机线路连接。一个简单的分组交换网络如图 6-7 所示，这个网络可以是用户拥有的，或者是被租用的。

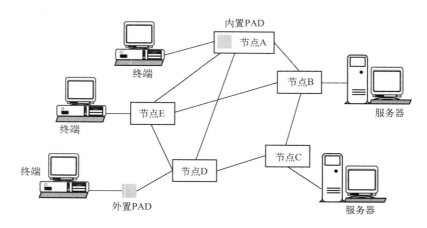

图 6-7　简化分组交换网示意图

在分组交换网中进行通信需要各终端的用户设备发送专用格式的数据。如果终端不能自己进行数据的分组格式化，就需要有一个称为分组装卸器（PAD）的设备将终端连接到分组网上。PAD 从终端或主机上获取数据，以一定的数据格式进行装载，然后将其送至节点。来自 PSN 的数据分组也由 PAD 拆卸，然后被选择路由到主机或终端。

PAD 可以放在终端用户的前面或分组交换结点中。作为分组交换结点的 PAD 称为内置 PAD，而放在用户端前面的 PAD 称为外置 PAD。

PSN 组合了其他各种通信方式的优点，并有自己的优点。分组交换具有拨号网络的便利，因为每个分组可以有不同的路由。例如，一个分组数据能选择直接从 A 点到 B 点的路由，也可通过 C 点到 B 点。分组交换又有拨号网络的灵活性，因为用户能连接到不同的主机。

PSN 也提供误码检测与纠正。分组在传输过程中进行检验，误码严重时可以重传。分组交换网络可使目标结点收到的数据与源点发送的数据相同。即便源与目标设备无检测与纠正功能，分组交换网络结点执行的检错纠错码也可以使信号可靠传输。

6.4　光纤同轴混合宽带接入网

随着通信技术的发展，网络建设纷纷面向集视频、语音、数据于一体的宽带综合业务，电信运营者不仅要提供基本的电话业务，还要满足用户对通信更高的需求，即从窄带电话、传真、数据和图像业务逐渐向可视电话、点播电视、图文检索和高速数据等宽带新业务领域延伸，因此建立数字化和宽带化的接入网已是发展的必然趋势。在现有的多种接入网方案中，有高速数字用户环路（HDSL）、异步数字用户环路（ADSL）、光纤到大楼（FTTB）、光纤同轴混合网（HFC）等。HFC 是在现有的有线电视同轴网（CATV，Cable Television）的基础上，将光纤逐步推向用户的一种经济的演变策略，建设费用相对较少，网络的升级十分灵活，HFC 还可以充分利用现有的 CATV 同轴网络频带宽的特点，除了能提供传统的有线电视节目外，还可以短时间内为用户提供电信业务和宽带交互式多媒体业务，将来又能顺利过渡到全数字网络，适应未来全数字化业务的需求，因此基于光纤 CATV 网的 HFC 是一个很有前景的方案。

6.4.1　同轴电缆 CATV 系统的组成

有线电视（CATV）是利用有线传输媒介进行电视信号传输的一种业务。由于它主要是通过同轴电缆传输的有线分配系统，故又称为电缆电视。

CATV 系统包括前端设备、信号传输与分配网络以及用户终端设备三个部分，如图 6－8 所示。目前国内的 CATV 系统主要用于电视信号的传输，因此用户终端设备就是电视机；信号传输与分配网络采用树形结构，中间用分支器或分配器作为转接点进行信号的分路；由于同轴电缆对不同频率信号的衰减量不同，频率越高，衰减量越大，因此当传输距离较长时，线路中往往还接入放大器和均衡器用以补偿信号的能量损失；前端设备包括各种 AV（Audio Video，音视频）信号产生器和调制器、混合器等，用以产生各种电视节目、调频广播以及指示线路状态的导频信号；AV 信号的来源可以是由电视接收机从开路天线接收地面无线电视节目信号、由卫星电视接收机从抛物面天线接收卫星电视节目信号，或由录放机、摄像机及多媒体设备等各种设备生产自办节目。

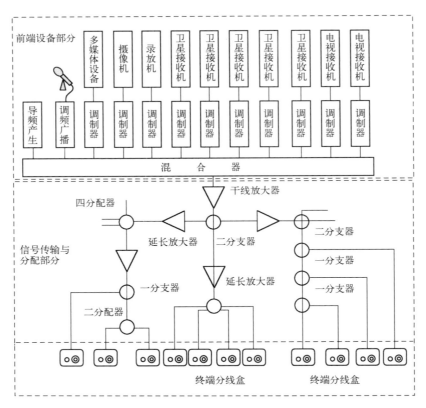

图 6-8　CATV 系统的组成示意图

从混合器输出的电视信号要通过信号传输与分配网络到达接收终端（用户电视机）。目前信号传输介质仍以同轴电缆为主，由分支器和分配器实现信号的分路。由于信号在传输过程中存在传输损耗（电缆损耗）、分配损耗（信号能量分配到各终端）以及分支器与分配器等器件的插入损耗，因此网络中要接入放大器，以保证各终端有足够的输入信号电平。

6.4.2　光纤 CATV 网络

由于光纤可以在电缆 CATV 的主干线上取代由多级放大器级联的单向同轴电缆，并且容量更大，信号的质量更好，性能可靠，传输距离明显增加，当传输距离超过 4km 时其成本低于同轴电缆网络，同时光纤 CATV 网络还可以实现双向交互式服务，因此在所有旧网的改造和新建网络中几乎毫不例外地采用了光纤技术。

图 6-9 是一个光纤 CATV 网络结构图，它由前端设备、光纤传输线路、同轴电缆传输与分配网络以及终端设备组成，其中光纤传输线路由光发射机、光分路器、光纤和光接收机等组成，如果光纤的传输距离很远，则也有可能要在线路中插入光放大器。

来自 CATV 前端设备的多频道混合信号，在光发射机中转变为光信号，经光分路器分路后，由光纤分别传送至距中心几千米至几十千米的不同光节点，在光节点处由光接收机将光信号还原成多频道混合的射频信号后送入同轴电缆分配网，然后进入用户。光接收机所覆盖的同轴电缆小区范围一般在 2km×2km 内，使用 3～5 个干线放大器，用户实际数目在 2000

户左右。考虑到网络升级为综合网的需求，光节点的用户数在适当的时候应能减少为 500 户左右。

　　光纤 CATV 的主要设备包括光发射机、光接收机和光纤光缆，对于 1550nm 波长的系统，还有一个重要设备，即能直接对光信号进行放大的光放大器。目前，光发射机和光接收机的带宽可分为 550MHz、750MHz、1000MHz 三种，它们均可传送 60 个频道的电视图像。与数字通信系统中的光发射机和光接收机不同的是，它们所要放大和处理的信号是模拟信号，因此性能（尤其是线性度）要求更高，设备成本也较高。

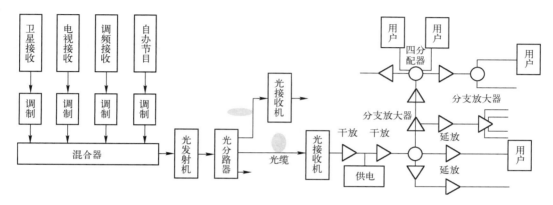

图 6-9　光缆 CATV 网络结构示意图

（1）HFC 宽带接入网技术

　　光纤 CATV 网中既有光纤传输系统，又有同轴电缆传输系统，因此光纤 CATV 网又被称为混合光纤同轴电缆网（HFC）。

　　图 6-9 所示系统只能传输单向的电视信号。作为 HFC 宽带接入网，首先要解决的问题是实现信号的双向传输，比较经济的方案是在光接收机中增加一个用于数字信号传输的回传激光器，同时在前端设备中增加一个接收单元。这样的双向 CATV 网保留了传统的模拟传输方式，可以实现上下行双向和数字与模拟的混合传输，能够同时提供电话、模拟视频、数字视频和交互业务，建设费用相对较少，升级十分灵活，能够随需求的增长来规划网络的建设。

　　图 6-9 所示的光纤 CATV 网络采用的是光载波 AM－VSB（Amplitude Modulation Vestigial Side Band，残留边带振幅调制）调制技术，其基本原理是将要传输的各个电视节目（基带信号）先对射频载波进行 VSB 调制，不同的基带信号通过调制到不同的射频载波而实现频分多路，然后将这些已调射频波合路后再对光波进行 AM 调制，用光纤传输这种载有多路射频信号的光信号；在接收端用光电转换器件得到多路射频信号，现通过射频滤波器和解调器恢复出所传送的基带信号。图 6-10 是光载波 AM－VSB 调制的频谱变化示意图。

　　在同轴电缆中传输的射频信号的频率在 5 ～1000MHz 范围内，其中 45 ～550MHz 可用于传输传统的模拟电视信号，每一频道的带宽为 8MHz，也可以从中指定若干频道用于传输下行的数据信号。5 ～40MHz 用于传送上行数据，550MHz ～1000MHz 用于传送压缩数字业务和其他业务。具体的频谱分割情况如图 6-11 所示。

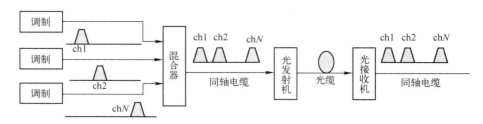

图 6-10　光缆 CATV 网络中的信号频谱示意图

在下行信道中，45～550MHz 的频段可以传输 63 个 8MHz 的 PAL－D 模拟信道。如果 550～750MHz 的频段用于压缩数字视频传送，采用 MPEG-2 压缩和 64QAM 调制，可以支持 300 个数字电视的信道。

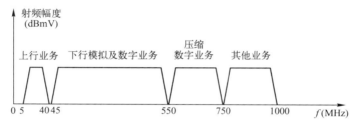

图 6-11　光纤 CATV 网络的频谱分割

（2）HFC 的网络结构

为了使图 6-9 所示 CATV 网络从传统的单向传输升级到双向传输，并逐步发展到宽带双向交互式 HFC 接入网，可将图 6-9 系统中的单向同轴电缆放大器换成双向放大器，将光接收机换成具有光接收和光发射功能的光网络单元（ONU，Optical Network Unit），前端设备（HE，Head-end Equipment）中增加光发射和光接收单元，直接与光纤连接，如图 6-12 所示。下行业务由光信号携带从 HE 通过光纤光缆传送到 ONU，在 ONU 经过光电转换，变成电信号，经同轴分配系统传送到用户家中。来自用户的上行数字信号在 ONU 中经过电光转换，通过光纤光缆传送到 HE，再传送到网络的其他部分。

图 6-9 所示的系统结构由于只用了一个波长的光信号，各种业务只能先通过对不同载波的调制在射频频谱范围内进行频分复用，再将复用信号对光载波进行调制，这样提供给每个用户的服务就会受到限制。当用户需求增加时，必须对网络扩容。图 6-13 所示系统是在图 6-12 系统的基础上比较经济的升级方案，各个光网络单元的上行数字信号用不同波长的光信号传送，即采用一定的波分复用。这样，网络中可以有多个 ONU，每个 ONU 可以获得完整的射频频谱，相当于系统容量得到扩充。这种结构的升级只需要使 ONU 中用于数字传输的回传激光器的发射波长各不相同，同时，HE 需要增加相应的接收单元。

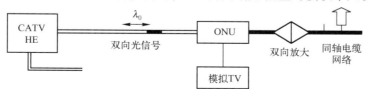

图 6-12　双向 HFC 网络示意图

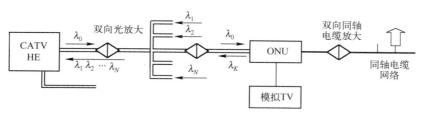

图 6-13　HFC 接入网升级方案之一

图 6-13 所示方案存在的问题是系统的灵活性不够，因为分配给用户的网络资源是固定的，由于在网络传输中，并非每个用户的需求在任何时候都相同，在某个时刻，有些用户的需求小，分配给这些用户的网络资源就会部分被浪费，而同时另外一些用户的需求却得不到满足。一种新的改进结构如图 6-14 所示。网络管理控制根据传输的业务量改变 ONU 中的工作波长，通过改变波长路由，可以随时改变网络的拓扑结构，将过剩的传输业务转移到仍有多余能力的波长上。网络经营者通过优化 ONU 的波长分配，能够使网络工作于最佳的状态。图 6-14 中的 ONU 可以逐渐升级，那些需要可调上行能力的 ONU 才配置具有波长转换功能的转发器，其他的 ONU 采用单波长转发器就足够了。

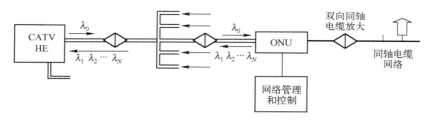

图 6-14　HFC 接入网升级方案之二

上述 HFC 接入网结构是逐渐升级的，其结构的功能越来越强，复杂程度越来越高，升级所需的费用也越来越多。

总的来说，HFC 网具有良好的线性宽带特性，能支持模拟和数字信息的传输而不产生相互影响。目前世界各国许多先进的有线电视网都采用 HFC 结构。HFC 网从前端到光节点的主干传输采用光纤，一般组成星形或环形结构，光节点以下的用户服务区内采用同轴电缆传输，组成总线结构或树状结构。

6.4.3　CATV 宽带综合信息网

CATV 宽带综合信息网络系统应是一个集资讯、数据、语音信息的综合接入传输系统。它要求能够与异步传输模式、帧中继、分组交换、数字数据网等传输技术相结合，并使用高效率的 HFC 进行传输和分配，实现互联网接入、付费电视、视频点播、游戏、可视电话会议、IP 电话、金融证券服务、电子新闻、电子邮件和远程教学等服务。CATV 宽带综合信息网络主要由网络前端、HFC 网、用户电缆调制解调器（Cable Modem）三部分组成。系统结构如图 6-15 所示。

前端设备包括线缆调制解调器终端系统（CMTS，Cable Modem Termination System）、混合器、网络管理系统等。通过路由器或交换机接入的外部数据（如 Internet）和本地服务器数据，在 CMTS 中经过帧封装后调制到下行射频载波上，并与 CATV 电视信号混合后通过光端机接入 HFC。同时，用户端的 Cable Modem 的基本功能就是将上行数字基带信号调制成射频信号，将下行射频信号解调为数字基带信号，并从数据帧中抽出数据传输给用户接口。

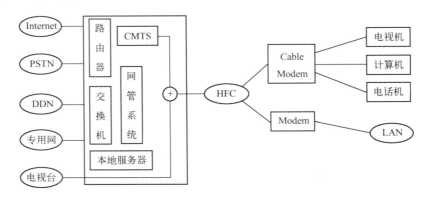

图 6-15　CATV 综合信息网络系统结构框图

　　HFC 是频分复用的，但某一频率上的信道则被很多用户所共享。通过 MAC 控制用户信号分配与竞争的问题，同时还可支持不同等级的业务。网络管理系统对 HFC 网中的 Cable Modem 进行配置、状态监控和诊断。

　　（1）电缆调制解调器

　　电缆调制解调器（Cable Modem）是一种可以通过 HFC 网络进行高速数据接入的装置。它一般有两个接口，一个用来接室内墙上的 HFC 网络端口，另一个与计算机或其他数据终端相连。Cable Modem 不仅包含调制解调部分，它还包括电视接收调谐、加密解密和协议适配等部分，它还可能是一个桥接器、路由器、网络控制器或集线器。一个 Cable Modem 要在两个不同的方向上接收和发送数据，把上、下行数字基带信号用不同的调制方式调制在双向传输的某一个 8MHz（或 6MHz）带宽的电视频道上。它把上行的数字信号转换成模拟射频信号，类似于电视信号，所以能在有线电视网上传送。接收下行信号时，Cable Modem 把它转换为数字基带信号，以便计算机处理。

　　Cable Modem 的传输速度一般可达 3 ～50Mbps，在同轴电缆中的传输距离可以是 100km甚至更远。Cable Modem 终端系统（CMTS）能通过 HFC 与所有的 Cable Modem 连接，两个Cable Modem 之间的通信必须通过 CMTS 进行。

　　1）Cable Modem 的种类。随着技术的发展，Cable Modem 出现了不少的类型。按不同的角度划分，大概可以分为以下几种。

　　① 按传输方式可分为双向对称式传输和非对称式传输。对称式传输速率为 2 ～4Mbps、最高能达到 10Mbps。非对称式传输下行速率为 30Mbps，上行速率为 500Kbps ～2.56Mbps。

　　② 从数据传输方向上看，有单向、双向之分。

　　③ 从网络通信角度上看，Modem 可分为同步（共享）和异步（交换）两种方式。同步（共享）类似以太网，网络用户共享同样的带宽。当用户增加到一定数量时，其速率急剧下降，碰撞增加，登录入网困难。而异步（交换）的 ATM 技术与非对称传输正在成为 Cable Modem 技术的发展主流趋势。

④ 从接入角度来看，可分为个人 Cable Modem 和宽带 Cable Modem（多用户），宽带 Modem 可以具有网桥的功能，可以将一个计算机局域网接入。

⑤ 从接口角度分，可分为外置式、内置式和交互式机顶盒。

外置 Cable Modem 的外形像小盒子，通过网卡连接计算机，所以连接 Cable Modem 前需要给计算机添置一块网卡，这也是外置 Cable Modem 的缺点。不过好处是可以支持局域网上的多台计算机同时上网。Cable Modem 支持大多操作系统和硬件平台。

内置 Cable Modem 是一块 PCI 插卡。这是最便宜的解决方案。缺点是只能用在台式计算机上。

交互式机顶盒是 Cable Modem 的一种形式。机顶盒的主要功能是在带宽不变的情况下提供更多的电视频道。通过使用数字电视编码（DVB，Digital Video Coder），交互式机顶盒提供一个回路，使用户可以直接在电视屏幕上访问网络，收发 E-Mail 等。电视机用户也将可以使用此项技术。

2）CATV 网上的加密。因为有线电视网属于共享资源，所以 Cable Modem 需要具有加密和解密功能。当给数据加密时，Cable Modem 对数据进行编码和扰码，使得黑客盗取数据没那么容易。

当通过 Internet 发送数据时，本地 Cable Modem 对数据进行加密，有线电视网服务器端的 Cable Modem 对数据解密，然后送给 Internet。接收数据时则相反，有线电视网服务器端的 Cable Modem 加密数据，送上有线网，然后本地计算机上的 Cable Modem 解密数据。

3）Cable Modem 的连接。把 Cable Modem 连接到墙上的电视插孔，再把电视机和计算机连接到 Cable Modem。在 HFC 网的另一端是 Cable Modem 终端系统（CMTS，Cable Modem Termination System），作为网络前端。安装网卡时必须同时安装 TCP/IP 协议。

电话 Modem 一般接在计算机的串行通讯口上。最近 10 来年，串口一直是电脑的标准配置，但串口原本是用来作低速通信的，不能支持 Cable Modem 这样的高速设备。所以 Cable Modem 通过网络适配卡与计算机相连。网卡插在 PCI，ISA 或 PCMCIA 插槽中。网卡提供的速度比串口快得多。

4）调制技术。利用 HFC 网开展数字业务最重要的是利用它的宽带特性，利用什么样的调制技术来实现宽带传输以及回传信道噪声的抑制是首先要考虑的问题。Cable Modem 一般采用 QAM 和 QPSK 两种调制技术。根据 MCNS（Multimedia Cable Network System，多媒体有线网络系统）制定的标准，数据下行采用 16QAM 或 256QAM 调制，在 200kHz ～ 3.2MHz 的带宽内提供 320Kbps ～ 10Mbps 的上行速率。但是，由于 HFC 网络中上行信道存在着严重的噪声积累（即树状结构的同轴网会使各种噪声汇集于主干部分），而 QAM 和 QPSK 技术均缺乏对这种噪声的有效抑制能力，从而严重影响了回传信道的信号质量。

抑制上行噪声的有效措施是采取跳频 S – CDMA（同频码分多址）扩频技术。S – CDMA 技术确保用户单元编码在发送上传信息时相互正交并且同步，同时在频谱扩展过程中有一个前向纠错编码和交织过程，使其对诸如脉冲干扰、窄带噪声及宽带高斯噪声具有很高的抵抗性。在 S – CDMA 扩频过程中可以提供一定的扩频处理增益，因此允许系统在负信噪比情况下工作。除此以外，S – CDMA 还可实现码分多址复用，从而大大提高了信道容量。

5）DOCSIS 1.0 标准。Cable Modem 目前遵循的国际标准是 DOCSIS 1.0（Data-Over-Cable Service Interface Specification，有线电缆数据服务接口规范）标准。此标准于 1998 年 9 月

由 ITU 正式颁布，即有线电缆数据服务传输规范标准 1.0 版（DOCSIS 1.0），如表 6-1 所示。

表 6-1　DOSIS 1.0 技术标准摘要

	数据调制	64/256QAM
	载波频宽	6MHz
数据下行	数据速率	27Mbps or 36Mbps
	数据结构	MPEG-Ⅱ
	正向差错纠正	Reed Solomon
	加密/解密	56 位国际标准局数据密码标准
	数据调制	QPSK/16QAM
	载波频宽	200kHz～3.2MHz
数据上行	数据速率	320Kbps～10Mbps
	正向差错纠正	Reed Solomon
	加密/解密	56 位国际标准局数据密码标准

（2）Internet 接入

接入 Internet 来引入全球信息源是 CATV 宽带综合信息网开展数据服务最重要的一个步骤。而且，Internet 的 WWW 浏览器界面也将作为宽带网用户的基本界面，为用户查询和发布各种信息。与双绞线接入网相反的是，由于 CATV 宽带信息网的接入速度很高，相对而言访问 Internet 的速度则显得很慢，使 CATV 宽带网的用户不能充分享受宽带网的高速度。为解决这一问题，可采用智能化缓存技术，使 Internet 上的热门站点本地化，即利用本地服务器将用户对 Internet 网点访问频率进行统计，对那些用户访问频率高的热门站点的信息实行预先下载，把它们放入本地实时信息库中，使大部分用户能在本地服务器上即可浏览到所需的常用信息。因此，本地服务器要求能对用户需求进行实时统计、分析、预测和判断，以求最大限度地使用户享受到宽带服务。本地服务器的存储载体可采用硬盘阵列来满足大容量和高速存取的要求。

目前大多数有线电视网还是单向的，在这些网络进行双向改造之前，作为过渡产品，一些公司推出了几种单向电缆调制解调器。其下行仍用 64QAM 调制提供高达 30Mbps 的速率，上行则采用电话线传送，用模拟调制解调器提供 56Kbps 的速率。单向电缆调制解调器可利用单向有线电视网高速从互联网下载数据，价格也较便宜，但它也失去了电缆调制解调器的一大优点——不占用电话线、可永久连接和不必每次拨号接通。

随着 Internet 用户的急剧增多，对接入网络的速度要求越来越高。CATV 宽带综合信息网不失为一种满足这种需求的网络形式，因此其应用前景十分广阔。但是，现有的有线电视网仅具有单向广播功能，不能适应双向数据传输，所以应对其进行改造。第一，必须利用光纤替代传统的同轴电缆干线；第二，网络中用于信号放大的所有放大器必须是适合数据传输的双向放大器；第三，以往 CATV 网的主干部分虽然是光纤同轴混合结构，但每个光节点服务的用户数较多，噪声较大，所以必须尽量采用星型结构，以减少每个光节点服务的用户数。总之，只有通过对现有的 CATV 网进行改造才能使之成为真正的 HFC 网。

6.5 移动通信网

移动通信是指通信双方或至少其中一方需要在运动状态中进行信息传递的通信方式。这里的信息不仅指语音，还包括数据、传真、图像等。

移动通信的特点主要有以下几点。

① 移动性。通信终端可以在移动过程中进行通信，因而它必须是无线接入的。

② 电波传播条件复杂。无线通信中的多径传播干扰、信号传播延迟和展宽等效应都存在，并且由于移动而使条件更加复杂。

③ 噪声和干扰严重。移动用户之间存在互调干扰、邻道干扰、同频干扰等。

④ 系统和网络结构复杂。移动通信系统不但要使用户之间互不干扰，还应与市话网、卫星通信网、数据网等互连，整个网络结构很复杂。

⑤ 要求频带利用率高、设备性能好。

综上所述，移动通信技术可以说是集各类通信技术于一体，代表了最先进的通信技术。目前移动通信开始进入第三代，第一代是语音通信服务，第二代是语音和低速数据通信服务，而第三代是信息通信服务。近来，正在热论中的第四代或三代后移动通信，则是以速率更高，频带更宽，移动速度更快，并以全互联网协议融合于未来宽带核心网为目标的。

6.5.1 移动通信系统的组成

移动通信系统的结构一般均由网络交换子系统（NSS，Network Switching Subsystem）、基站子系统（BSS，Base Station Subsystem）和大量移动台（MS）三大部分组成。图 6-16 给出了一典型的蜂窝移动通信系统。

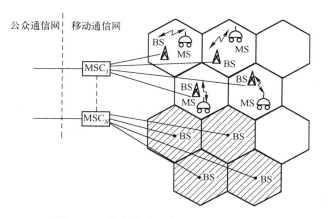

图 6-16　蜂窝移动通信系统组成示意图

（1）交换子系统

交换子系统的主要部件是移动交换中心（MSC，Mobile Switching Center）。MSC 是移动通信系统的控制交换中心，又是与公众通信网的接口，它负责交换移动台（MS）各种类型的呼叫，还可以通过标准接口与 BS、其他 MSC 及维护管理中心相连。除此之外，MSC 还具有支持移动台越区切换、MSC 控制区之间的漫游和计费等功能。

（2）基站子系统

基站子系统包括一个基站控制器（BSC，Base Station Controller）和由其控制的若干个基站收发信系统（BTS，Base Transceiver Station），负责管理无线资源，实现用户之间的通信连接，传送系统信号和用户信息。基站（BS）的通话频道单元数量取决于需要同时通话的用户数，一般有几条或几十条，甚至多达几百条无线信道。BS 与 MSC 之间采用有线中继电路传输数据或模拟信号，有时也可以采用光缆传输或数字微波中继方式。BS 以无线形式与 MS 连接，BS 天线的覆盖范围称为无线区。

（3）移动台（MS）

移动台是用户终端设备，它有车载式、手持式、携带式等类型。一般是一个可搬运的常固定在汽车上的或手持式的用户电话设备。移动台由收信机、发信机、频率合成器、数据逻辑单元、拨号按钮和送受话器等组成。

当移动用户和市话用户建立呼叫时，移动台与最靠近自己的基站之间确立一个无线通道，并通过 MSC 与市话用户通话。同样的，任何两个移动用户之间的通话、语音通道也是通过 MSC 建立的。

6.5.2 移动通信的发展概况

（1）第一代——模拟蜂窝通信系统

第一代移动通信（1G）以模拟调频、频分多址为主体技术。1978 年底第一个真正意义上的移动通信系统（AMPS，Advanced Mobile Phone Service）成功推出。1983 年 AMPS 系统首次在芝加哥投入商用。第一代移动通信在世界各地得到一定推广应用，到目前已全部被淘汰。

（2）第二代—— 数字移动通信系统

第二代移动通信系统（2G）以数字传输、时分多址或码分多址为主体技术，主要包括 GSM 系统和窄带 CDMA 系统。

1991 年欧洲第一个 GSM 系统开通，并将 GSM 正式更名为"全球移动通信系统"。1993 年我国第一个 GSM 系统建成开通。

1989 年美国高通公司首次进行了 CDMA 实验并取得成功。1995 年我国香港和美国的 CDMA 公用网开始投入商用。我国大陆于 1998 年开始 CDMA 部分城市商用化。但是随着用户数量及用户需求增加，2G 出现了频率资源紧张、系统容量饱和的现象，且难以支持多媒体业务和高速数据业务。

（3）第三代—— 信息移动通信系统

第三代移动通信系统（3G）以世界范围的个人通信为目标。它的研究工作始于 1985 年。目前，第三代移动通信系统的标准化工作已完成，形成了 WCDMA、CDMA2000、TD－SCDMA 三大主流标准三足鼎立的局面，2009 年起我国已全面开始第三代移动通信系统的商业运营。

6.5.3 GSM 蜂窝移动通信系统

1982 年欧洲邮电主管部门会议（CEPT，Conference Europe of Post and Telecommunication）建立了移动通信特别组（GSM），着手进行泛欧蜂窝移动通信系统的标准工作。1985 年提出了 GSM 系统的二项主要设计原则，也就是 GSM 系统的主要特点：

① 语音和信令都采用数字信号传输；

② 数字语音的传输速率降低到 16Kbps 或更低；

③ 采用时分多址方式（TDMA）。

（1）GSM 系统的主要参数

① 工作频段：下行线（由基站发向移动用户）935～960MHz；

　　　　　　　上行线（由移动用户发向基站）890～915MHz。

② 系统总带宽 25MHz，每个频分多址信道带宽 200kHz，信道总速率为 270.83Kbps，调制方式为 GMSK，调制指数为 0.3。

③ 信道分配：采用 TDMA 技术，在一个信道内每帧 8 个时隙，每个时隙信道比特率为 22.8Kbps，可传送一路数字语音信号或数据，数据传输速率为 9.6Kbps。

④ 通信方式：全双工。

⑤ 语音编码：采用规则脉冲激励线性预测（RPE-LTP，Regular Pulse Excited-Long Term Prediction）编码，每一路语音信号的编码率为 13Kbps。

⑥ 分集接收：跳频 217 跳/s，交错信道编码，自适应均衡，判决反馈自适应均衡器（16ms 以上）。

（2）GSM 的网络结构

GSM 网络由几个功能实体组成，其功能与接口有明确定义，GSM 网络可以被分为三大部分：移动台（MS）由用户携带，基站（BS）子系统控制与 MS 的无线连接；网络子系统，其主要部分是移动业务交换中心（MSC），执行移动用户与固定用户或其他移动网用户之间的呼叫交换，以及移动业务的管理权。MS 与 BS 子系统通过空中接口（Air Interface）也称为通信。BS 子系统与移动业务交换中心通过 A 接口进行通信。

1）移动台（MS）。MS 包括的物理设备有无线电收发、显示与数字信号处理及 SIM（Subscriber Identity Module，用户身份识别模块）智能卡。SIM 卡提供了私人灵活性，这样用户可以接入预订的业务而不必考虑终端位置和专用终端的使用。只要将 SIM 卡插入另一个蜂窝电话机中，用户就可以接收或拨打电话及其他预订的业务。

移动设备由国际移动设备识别号（IMEI，International Mobile Equipment Identity）唯一地识别。SIM 卡包含了国际移动用户识别号（IMSI，International Mobile Subscriber Identity）、识别用户、用以鉴定的密匙，以及其他用户信息。IMEI 和 IMSI 是独立的，从而有个人的灵活性。SIM 卡可以通过口令或个人识别码保护不被侵权。

2）基站子系统。基站子系统包括基站发送与接收设备（BTS）和基站控制器（BSC）两部分，通过 A 接口进行通信且允许由不同供应商提供的组件之间进行。

发送与接收基站设备覆盖小区，执行与 MS 的无线连接协议。在大的市区，可能有大量的 BTS 使用。对 BTS 的要求是简单、可靠、轻便和低成本。

BSC 管理一个或多个无线电资源，它处理无线电信道的配置、频率管理与切换，如下所述。BSC 是 MS 与 MSC 的连接点。BSC 也进行无线连接的 13 Kbps 的语音信道与 PSTN 或 ISDN 的 64 Kbps 信道的转换。

3）网络子系统。网络子系统的主要部件是 MSC。其作用类似于 PSTN 或 ISDN 的交换节点，附加提供移动用户所需的各种功能如存储、鉴定、位置更新、漫游用户的路由选择等。这些业务由几个功能块执行，它们的组合形成网络子系统。MSC 提供与 PSTN 或 ISDN 的连接，在功能块间进行广泛用于 ISDN 和其他现行公众网的 ITU - T7 号信令系统的信令传递。

本地用户寄存器和外来用户寄存器一起为 MSC 提供 GSM 的呼叫路由与漫游。HLR 包含每个用户在相关 GSM 网络中存储的所有管理信息。MS 的当前位置以 MSRN 形式存入，MSRN（Mobile Station Roaming Number）称为移动用户漫游号，它是一个规则的 ISDN 数据，用于指向移动台的当前的 MSC 位置。从逻辑上讲一个 GSM 网络中只有一个 HLR，虽然可能是一个分布式的数据库。

VLR 包含从 HLR 中选出的管理信息、必要的呼叫控制与分机业务的提供，因为每个位于当前地理区域的移动台受 VLR 控制。虽然每个功能实体能够独立工作，大多数交换设备制造商采用一个 MSC 带一个 VLR，这样地理区域的控制等于是由 MSC 进行，简化了所需的信令过程。注意 MSC 没有包含关于详细的 MS 的信息——这个信息存于位置寄存器中。

另两个寄存器用于鉴定和维护数据安全。设备识别寄存器（EIR）是一个包含了一个网络所有移动设备的表的数据库，在这个数据库中每个 MS 由 IMEI 识别。如果 MS 被窃或型号未被核准，它就不能获得 IMEI 号。鉴权中心是一个保护数据库，它贮存了存于每个用户的 SIM 卡中的密匙的副本，用于鉴定和计算无线信道。

（3）GSM 的特殊技术

1）越区切换。切换是指将行进中的呼叫转换到另一个信道或小区的过程。GSM 有四种不同的切换方式，包括在同一个小区内的不同信道（时隙）间传送呼叫，同一个基站控制器范围内的小区（各基站收发信机之间）传送呼叫、同一个移动交换中心下不同基站控制器间的呼叫转移以及不同移动交换中心间的呼叫转移。这两种切换称为内部切换，都在一个基站控制器内。为节省信令带宽，它们都由基站控制器管理而不通过移动交换中心，除非要通报切换完成。后两种切换称为外部切换，要通过 MSC 进行。注意呼叫控制如辅助业务的提供需要进一步的切换。

切换可以由 MS 或 MSC 开始（作为通信量平衡的一种方法）。在空闲的时隙内，移动台扫描多达 16 个邻近小区的广播控制信道，根据接收的信号强度形成 6 个可供切换的最佳候选表。这个信息被送到 BSC 和 MSC 进行切换运算。

GSM 并不指定切换所必需的算法。有两种基本的算法都与功率控制有关。这是因为 BSC 通常不知道不良的信道质量是由多径衰落引起还是由移动台进入另一小区引起，这一点在市内的小区中尤其明显。

"最小可接受性能"算法将功率控制优先于切换，所以当信号衰落至某一点时，移动台的功率电平会增加，假如进一步的增加不能改善信号，才会考虑切换。这是简单且很通常的方法，但可能会出现这样的情况：当一个移动台以峰值功率发送时其位置可能超出原来的小区而进入到另一个小区。

"功率预算"方法使用切换去维护或改善一个固定的信号质量水平在相同或更低的功率

电平上。这样它使切换优先于功率控制。它避免了"抹去"小区边界的问题，减少了同信道干扰，但技术相当复杂。

2）位置更新与呼叫路由选择。MSC 提供 GSM 移动网与公用固定网之间的接口。从固定网络角度看，MSC 正是另一个交换节点。然而，由于 MSC 必须知道现在移动台漫游在什么地方——GSM 系统中甚至会在另一个国家，因此移动网的交换会更复杂一些。GSM 通过使用两个位置寄存器来进行位置登记和呼叫路由选择，一个是本地用户寄存器（HLR），另一个是外来用户寄存器（VLR）。

位置登记由移动台开始。当它通过监视控制信道注意到位置区域广播与原先储存在移动台中的位置信息不同时，它会向新的 MSC 发出一个更新请求，与 IMSI 或原先的（临时移动用户识别号（TMSI））一起送到新的 VLR。新的 VLR 将一个 MSRN 分配给移动台并送到移动台入网登记地的 HLR 中（它总是保存着最新的位置信息）。HLR 送回必要的呼叫控制参数，并且也送一个删除信息到老的 VLR，这样原来的 MSRN 可以被再分配。最后，一个新的 TMSI 被分配并送给移动台，以便将来的寻呼或呼叫请求。

有了上述的位置登记过程，呼叫路由选择到移动台就很容易了。最常见的情况如图 6-17。图中，来自固定网（PSTN 或 ISDN）的呼叫被放到一个移动用户上。使用移动用户电话号码（MSISDN，Mobile Station international ISDN numbetr，由 ITU - T E.164 建议指定），这个呼叫被通过固定陆地网络送到一个 GSM 网的网关 MSC（与固定陆地网络连接的 MSC，带有一个回波抵消器）。网关 MSC 用 MSISDN 去询问 HLR，得知当前的 MSRN。根据 MSRN，网关 MSC 将呼叫送到当前的 MSC（通常与 VLR 相连）。VLR 然后将移动台的漫游号转换成 TMSI，通过 BSC 向它所控制的小区内发出寻呼。

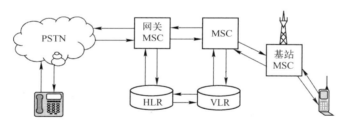

图 6-17 GSM 的呼叫路由示意图

（4）GPRS 技术

GPRS 是在 GSM 基础上发展起来的一种分组交换的数据承载和传输方式。GPRS 系统被称为第 2.5 代移动通信系统，与原有的 GSM 系统比较，它在数据业务的承载和支持上具有非常明显的优势：更有效地利用无线网络信息资源，特别适合突发性、频繁的小流量数据传输；支持的数据传输的速率更高，理论峰值达 115Kbps；计费方式更加灵活，可以支持按数据流量来进行计费；GPRS 还能支持在进行数据传输的同时进行语音通话等。

相对 GSM 拨号方式的电路交换数据传送方式，GPRS 是分组交换技术，具有实时在线、按量计费、快捷登录、高速传输、自如切换等优点。

（5）鉴定与安全

由于无线信道是一个开放的空间，可以被任何人接入，用户鉴定以验证身份是移动网络非常重要的内容。鉴定主要由移动台中的 SIM 卡和鉴定中心（AC）进行。每个用户有一个密匙，分别复制在 SIM 卡中和鉴定中心。鉴定期间，AC 产生一个随机的号码给移动用户。移动用户与 AC 然后都使用这个随机号，加上用户的密匙通过一个称为 A3 的算法，产生一个号码送回到 AC。如果这个由移动台送出的号码与 AC 计算出的相同，这个分机就是被授权的。

6.5.4　CDMA 与第三代移动通信技术简介

GSM 的多址方式是 TDMA。TDMA 系统的频谱效率不高，信道容量有限；在语音质量上13Kbps 编码也很难达到有线电话水平；TDMA 系统的业务综合能力较高，能进行数据和语音的综合，但终端接入速率有限（最高 9.6Kbps）；TDMA 系统无软切换功能，在移动过程中容易掉话，影响服务质量；TDMA 系统的国际漫游协议还有待进一步的完善和开发。综上所述，TDMA 并不是现代蜂窝移动通信的最佳无线接入，而 CDMA 多址技术完全适合现代移动通信网所要求的大容量、高质量、综合业务、软切换、国际漫游等。

CDMA 是基于扩频技术的多址技术，即将需传送的具有一定信号带宽信息数据，用一个带宽远大于信号带宽的高速伪随机码进行调制，使原数据信号的带宽被扩展，再经载波调制并发送出去。接收端使用完全相同的伪随机码，与接收的带宽信号作相关处理，把宽带信号换成原信息数据的窄带信号即解扩，以实现信息通信。

（1）CDMA 蜂窝移动通信网的特点

与 FDMA 和 TDMA 相比，CDMA 具有许多独特的优点，其中一部分是扩频通信系统所固有的，另一部分则是由软切换和功率控制等技术所带来的。CDMA 移动通信网是由扩频、多址接入、蜂窝组网和频率再用等几种技术结合而成，含有频域、时域和码域三维信号的处理，因此它具有抗干扰性好，抗多径衰落，保密安全性高，同频率可在多个小区内重复使用，所要求的载波干扰比（C/I）小于1，容量和质量之间可做权衡取舍等属性。这些属性使 CDMA 比其他系统有明显的优势。

1）系统容量大。理论上 CDMA 移动网比模拟网大 20 倍。

2）系统容量的灵活配置。在 CDMA 系统中，用户数的增加相当于背景噪声的增加，造成语音质量的下降。但对用户数量并无限制，操作者可在容量和语音质量之间折中考虑。另外，多小区之间可根据话务量和干扰情况自动均衡。

3）系统性能质量更佳。这里指的是 CDMA 系统具有较高的语音质量，声码器可以动态地调整数据传输速率，并根据适当的门限值选择不同的电平级发射。同时门限值根据背景噪声的改变而变，这样即使在背景噪声较大的情况下，也可以得到较好的通话质量。另外，CDMA 系统"掉话"的现象明显减少，CDMA 系统采用软切换技术，"先连接再断开"，这样完全克服了硬切换容易掉话的缺点。

4）频率规划简单。用户按不同的序列码区分，所以不相同 CDMA 载波可在相邻的小区内使用，网络规划灵活，扩展简单。

5）延长手机电池寿命。采用功率控制和可变速率声码器，使手机电池的使用寿命延长。

6）建网成本下降。

（2）CDMA 移动通信网的关键技术

1）功率控制技术。功率控制技术是 CDMA 系统的核心技术。CDMA 系统是一个自扰系统，所有移动用户都占用相同带宽和频率，"远近效用"问题特别突出。CDMA 功率控制的目的就是克服"远近效用"，使系统既能维护高质量通信，又不对其他用户产生干扰。功率控制分为前向功率控制和反向功率控制，反向功率控制又可分为仅由移动台参与的开环功率控制和移动台、基站同时参与的闭环功率控制。

反向开环功率控制：它是移动台根据在小区中接受功率的变化，调节移动台发射功率以达到所有移动台发出的信号在基站时都有相同的功率。它主要是为了补偿阴影、拐弯等效应，所以它有一个很大的动态范围，根据 IS—95 标准，它至少应该达到 ±32dB 的动态范围。

反向闭环功率控制：闭环功率控制的设计目标是使基站对移动台的开环功率估计迅速做出修正，以使移动台保持最理想的发射功率。

前向功率控制：在前向功率控制中，基站根据测量结果调整每个移动台的发射功率，其目的是对路径衰落小的移动台分派较小的前向链路功率，而对那些远离基站的和误码率高的移动台分派较大的前向链路功率。

2）PN 码技术。PN 码的选择直接影响到 CDMA 系统的容量、抗干扰能力、接入和切换速度等性能。CDMA 信道的区分是靠 PN 码来进行的，因而要求 PN 码自相关性要好，互相关性要弱，实现和编码方案简单等。目前的 CDMA 系统就是采用一种基本的 PN 序列 $-m$ 序列作为地址码，利用它的不同相位来区分不同用户。

3）RAKE 接收技术。移动通信信道是一种多径衰落信道，RAKE 接收技术就是分别接收每一路的信号进行解调，然后叠加输出达到增强接收效果的目的，多径信号在 CDMA 系统变成一个可供利用的有利因素，而不是不利因素。

4）软切换技术。先连接，再断开称之为软切换。CDMA 系统工作在相同的频率和带宽上，因而软切换技术实现起来比 TDMA 系统要方便容易得多。

5）语音编码技术。目前 CDMA 系统的语音编码主要有两种，即码激励线性预测编码（CELP，Code Exited Linear Prediction）8Kbps 和 13bps。8Kbps 的语音编码达到 GSM 系统的 13Kbps 的语音水平甚至更好。13Kbps 的语音编码已达到有线长途语音水平。CELP 采用与脉冲激励线性预测编码相同的原理，只是将脉冲位置和幅度用一个矢量码表代替。

（3）3G 技术

3G 是英文 3rd Generation 的缩写，指第三代移动通信技术，它是将无线通信与国际互联网等多媒体通信结合的新一代移动通信系统。3G 不仅能支持语音和数据业务，还能够处理图像、音乐、视频流等多种媒体形式，提供包括网页浏览、电话会议、电子商务等多种信息服务。

IMT－2000（International Mobile Telecommunication－2000）是国际电信联盟（ITU）对 3G 的统称。它最主要的目标和特征为全球统一频段、统一制式，全球无缝漫游；高频谱效率；支持移动多媒体业务，即室内环境支持 2Mbps、步行/室外到室内支持 384Kbps、车速环境支持 144Kbps 等。

下面介绍三大主流的 3G 新技术。

1）W-CDMA。W-CDMA 即 Wideband CDMA，意为宽带码分多址，其支持者主要是以 GSM 系统为主的欧洲厂商，包括欧美的爱立信、阿尔卡特以及日本的 NTT、富士通、夏普等厂商。这套系统能够架设在现有的 GSM 网络上，对于系统提供商而言可以较轻易地过渡，而 GSM 系统相当普及的亚洲对这套新技术的接受度预料会相当高。因此 W-CDMA 具有先天的市场优势。

W-CDMA 是一个 ITU 标准，它是从码分多址（CDMA）演变来的，在官方上被认为是

IMT-2000 的直接扩展，与现在市场上通常提供的技术相比，它能够为移动和手提无线设备提供更高的数据速率。W-CDMA 采用直接序列扩频码分多址（DS-CDMA）、频分双工（FDD）方式，码片速率为 3.84Mbps，载波带宽为 5MHz。基于 Release 99/ Release 4 版本，可在 5MHz 的带宽内，提供最高 384Kbps 的用户数据传输速率。W-CDMA 能够支持移动/手提设备之间的语音、图像、数据以及视频通信，速率可达 2Mb/s（对于局域网而言）或者 384kb/s（对于宽带网而言）。输入信号先被数字化，然后在一个较宽的频谱范围内以编码的扩频模式进行传输。窄带 CDMA 使用的是 200kHz 宽度的载频，而 W-CDMA 使用的则是一个 5MHz 宽度的载频。

2）CDMA 2000。CDMA 2000 也称为 CDMA Multi-Carrier（多载波分复用扩频调制），由美国高通北美公司为主导提出，韩国现在成为该标准的主导者。这套系统是从窄频 CDMA One 数字标准衍生出来的，可以从原有的 CDMA One 结构直接升级到 3G，建设成本低廉。但目前使用 CDMA 的地区只有日本、韩国和北美，所以 CDMA 2000 的支持者不如 W-CDMA 多。不过 CDMA 2000 的研发技术却是目前各标准中进度最快的，许多 3G 手机已经率先面世。

CDMA 2000 标准由 3GPP2① 组织制订，版本包括 Release 0、Release A、EV-DO 和 EV-DV，Release 0 的主要特点是沿用基于 ANSI-41D 的核心网，在无线接入网和核心网增加支持分组业务的网络实体，联通即将开通的 CDMA 二期工程采用的就是这个版本，单载波最高上下行速率可以达到 153.6Kbps。Release A 是 Release 0 的加强，单载波最高速率可以达到 307.2Kbps，并且支持语音业务和分组业务的并发。EV-DO 采用单独的载波支持数据业务，可以在 1.25MHz 的标准载波中，同时提供语音和高速分组数据业务，最高速率可达 3.1Mbps

3）TD-SCDMA（时分同步码分多址接入）。TD-SCDMA 的中文含义为时分同步码分多址接入，由我国首次向国际电联提出的中国建议，是一种基于 CDMA，结合智能天线、软件无线电、高质量语音压缩编码等先进技术的优秀方案。该标准将智能无线、同步 CDMA 和软件无线电等当今国际领先技术融于其中，在频谱利用率、业务支持方面具有灵活性、频率灵活性及成本等方面的独特优势。另外，由于中国国内庞大的市场，该标准受到各大主要电信设备厂商的重视，全球一半以上的设备厂商都宣布可以支持 TD-SCDMA 标准。

TD-SCDMA 的无线传输方案灵活地综合了 FDMA、TDMA 和 CDMA 等基本传输方法，通过与联合检测相结合，它在传输容量方面表现非凡。通过引进智能天线，容量还可以进一步提高。智能天线凭借其定向性降低了小区间频率复用所产生的干扰，并通过更高的频率复用率来提供更高的话务量。基于高度的业务灵活性，TD-SCDMA 无线网络可以通过无线网络控制器（RNC，Radio Network Controller）连接到交换网络，如同第三代移动通信中对电路和包交换业务所定义的那样。在最终的版本里，计划让 TD-SCDMA 无线网络与 Internet 直接相连。

TD-SCDMA 所呈现的先进的移动无线系统是针对所有无线环境下对称和非对称的 3G 业务所设计的，它运行在不成对的射频频谱上。TD-SCDMA 传输方向的时域自适应资源分配可取得独立于对称业务负载关系的频谱分配的最佳利用率。因此，TD-SCDMA 通过最佳自适应资源的

① 3GPP2（第三代合作伙伴计划2）：该组织于 1999 年 1 月成立，由美国通信工业协会（TIA）等四个标准化组织发起，主要是制订以 ANSI-41 核心网为基础，CDMA 2000 为无线接口的第三代技术规范。中国无线通信标准研究组（CWTS）于 1999 年 6 月签字加入该组织。

142

分配和最佳频谱效率，可支持速率从8Kbps到2Mbps的语音、互联网等所有的3G业务。

TD-SCDMA在应用范围内有其自身的特点。一是终端的移动速度受现有DSP运算速度的限制只能做到240km/h；二是基站覆盖半径在15km以内时频谱利用率和系统容量可达最佳，在用户容量不是很大的区域，基站最大覆盖可达30km。所以，TD-SCDMA适合在城市和城郊使用，在城市和城郊，这两个不足均不影响实际使用。因在城市和城郊，车速一般都小于200km/h，城市和城郊人口密度高，因容量的原因，小区半径一般都在15km以内。而在农村及大区全覆盖时，用WCDMA FDD方式也是合适的，因此TDD和FDD模式是互为补充的。

本章小结

通信网络综合了多种设备和技术，国际标准化组织创立了开放系统互联模型以促进交互式系统的发展。该模型包含有七层，每层的功能如图6-18。

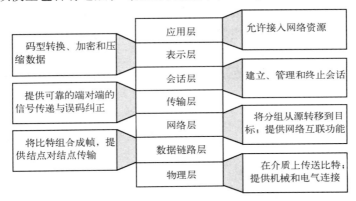

图6-18 分层功能汇总示意图

计算机局域网LAN是一种常用于小范围内多台计算机组网的网络形式。各计算机通过一个HUB互联，网络的拓扑结构有环形网和总线网两种，HUB与计算机之间的数据传输可以是基带传输，也可以是频带传输。

分组交换将每个数据报文拆成多个分组，以分组为单位进行非实时传输。每个分组带有目的地址和分组序号。分组交换有数据报和虚电路两种方式。在数据报方式下每个分组到达转接点后可能被指定不同的路由，而虚电路方式下各分组经过相同的路由传输。两者的共同特点是分组在每个接点都要存储转发，在没有分组传输期间信道可以被其他用户共享，因此与线路交换相比信道的利用率高，但传输时延较大。分组交换常用的标准是CCITTX.25。

光纤作为一种具有高通信容量的传输介质正在逐步取代电缆介质。光纤同轴混合网的主干线采用光纤传输，与用户连接部分采用同轴电缆，较好地解决了网络成本与信息传递速率与质量之间的矛盾。

GSM是我国目前公用移动电话系统的主流，属于第二代移动通信系统。它的主要特点是语音通信数字化，但数据传输的速率仍较低，只有9.6Kbps。GSM系统包括移动用户、基站和移动交换中心三大部分，其中基站与移动用户之间是无线电通信。第三代移动通信使用了码分多址技术，通信质量总体上要优于GSM系统。目前已投入营运的3G系统有TD-SCDMA、CDMA2000和W-CDMA三种。

思考题与习题

6.1 OSI 模型包括_____ 层，与传输介质最接近的是 _____ 层，在 _____ 层数据以帧为单元，加密与解密是 _____ 的功能，_____ 层提供端到端信号传递功能，_____ 层提供节点到节点信号传递功能。

6.2 计算机局域网较常用的两种网络拓扑结构是 _____ 和 _____ 。

6.3 LAN 是如何解决在多用户接入时产生数据冲突的？

6.4 蓝牙技术使用的频段是 _____ GHz，每个信道带宽为 _____ MHz，共有 ____ __ 个无线信道，采用 _____ 调制方式，总速率可达到 _____ Mbps，通信距离为 _____ m。

6.5 你认为在数据传输过程中数据报方式和虚电路方式哪一种时延大？

6.6 为什么采用分组交换传输数据要比采用线路交换传输数据更经济？

6.7 为什么要用光纤取代干线同轴电缆？目前光纤进入家庭的主要障碍是什么？

6.8 光纤 CATV 传输系统的主要设备有 _____ 、_____ 和 _____ 。

6.9 若要将单向传输的 HFC 网络改造成双向宽带 HFC 网络，需要对网络和设备做哪些改动？

6.10 Cable Modem 有哪几种？

6.11 GSM 系统的语音编码速率是 _____ ，发送速率是 _____ ，数据传送速率是 __ _____ 。

6.12 试述 GSM 系统的位置登记过程。

6.13 移动交换中心的主要功能是什么？

6.14 试述 CDMA 蜂窝移动通信的特点。

6.15 TD-SCDMA 与 GSM 相比有哪些优点？

附录 A
国际性通信组织及相关组织简介

1. 国际电信联盟（International Telecommunication Union）

国际电信联盟简称 ITU，其历史始于 1865 年。根据联合国宪章和大西洋国际电信公约的规定，国际电信联盟于 1947 年成为联合国电信方面的专门机构。ITU 总部设在日内瓦。ITU 的常设机构有总秘书处、国际频率登记委员会、国际无线电咨询委员会、国际电报电话咨询委员会。

2. 国际通信卫星组织（International Telecommunication Satellite Consortium）

国际通信卫星组织简称 INTELSAT，成立于 1964 年 8 月 19 日，总部设在美国华盛顿，其宗旨是建立全球商业通信卫星联系。1965 年，"国际通信卫星" 1 号发射成功。国际通信卫星已从第一代发展到第六代，遍及世界各地的卫星通信地球站共有 200 多个。它们利用太平洋、印度洋和大西洋赤道上空的地球同步卫星组成了一个全球性卫星通信网，并承担了主要的国际越洋通信业务。国际通信卫星组织接受所有 ITU 的成员参加。中国于 1977 年 8 月加入国际通信卫星组织。

3. 国际标准组织（International Orgnization for Standardization）

国际标准组织简称 ISO，成立于 1946 年，是自发组织起来的一个非官方的机构。成员来自生产商、消费者、政府部门和民间团体，由各成员国向 ISO 推荐，作为本国的代表。尽管 ISO 是一个非官方的组织，但有 70% 以上的 ISO 成员都是根据法律程序组成的政府的标准化机构或组织。其中美国的代表是美国国家标准学会（ANSI）。从 1988 年起，ISO 有 73 个来自世界各国的国家标准化组织的全职成员。全职成员有资格参加并在任意一个技术委员会上投票表决，他们还能参加 ISO 的管理。ISO 还有 14 个来自新闻团体的成员，他们不参加技术工作，也没有表决权。

4. 国际无线电咨询委员会（International Radio Consultative Committee）

国际无线电咨询委员会简称 CCIR，成立于 1927 年，总部设在日内瓦。CCIR 的职责是研究无线电技术规范，颁发建议书，并为制订和修改无线电规则提供技术依据。CCIR 由所有 ITU 会员国的主管部门和被认可的私营机构组成。

5. 国际电报电话咨询委员会 （International Telegraph and Telephone Consultative Committee）

国际电报电话咨询委员会简称 CCITT，成立于 1957 年，总部设在日内瓦。CCITT 的职责是对有关电报和电话技术、业务和资费问题进行研究并提出建议。CCITT 由所有 ITU 会员国的主管部门和被认可的私营机构组成。

参 考 文 献

1. 张曾科，阳宪惠计算机网络．北京：清华大学出版社，2006 年．

2. 正田英介．通信技术．北京：科学出版社，2001 年．

3. ［美］Wayne Tomasi．电子通信系统（第四版）．北京：电子工业出版社，2002 年．

4. 易波．现代通信导论．北京：国防科技大学出版社，1998 年．

5. 袁松青，苏建乐．数字通信原理．北京：人民邮电出版社，1996 年．

6. 曹志刚，钱亚生．现代通信原理．北京：清华大学出版社，1996 年．

7. 刘瑞曾等．电信技术概要．北京：人民邮电出版社，1993 年．

8. 曾志民等．调制解调器原理及其应用．北京：人民邮电出版社，1995 年．

9. 朱梅英，卢富明，卢掉华．传真通信与调制解调器．北京：人民邮电出版社，1996 年．

10. 孙学康，张金菊．光纤通信技术．北京：邮电大学出版社，2001 年．

11. 刘增基等．光纤通信．陕西：西安电子科技大学出版社，2001 年．

12. 张成良．光波分复用技术讲座：WDM 技术的基本原理．电信技术，1999（5）．

13. 赵荣黎．数字蜂房移动通信系统．北京：电子工业出版社，1997 年．

14. 陈德荣、林家儒．数字移动通信系统．北京：北京邮电大学出版社，1996 年．

15. 孙立新、邢宁霞．CDMA（码分多址）移动通信技术．北京：人民邮电出版社，1996 年．

16. 郭梯云、邬国扬、张厥盛．移动通信．陕西：西安电子科技大学出版社，1998 年．

17. 陆冰霞、李小白．无线寻呼系统．北京：电子工业出版社，1997 年．

18. 储钟圻．现代通信新技术．北京：机械工业出版社，1998 年．

19. 罗先明．卫星通信．北京：人民邮电出版社，1997 年．

20. 刘松．通信技术基础．北京：电子工业出版社，2001 年．

21. 曹淑敏．IMT-2000 无线接口标准的现状及发展．北京：现代电信科技，1999（3）．

22. 邹锐．全球星系统（Globalstar）技术介绍．北京：电子科技导报，1999（7）．

反侵权盗版声明

　　电子工业出版社依法对本作品享有专有出版权。任何未经权利人书面许可，复制、销售或通过信息网络传播本作品的行为；歪曲、篡改、剽窃本作品的行为，均违反《中华人民共和国著作权法》，其行为人应承担相应的民事责任和行政责任，构成犯罪的，将被依法追究刑事责任。

　　为了维护市场秩序，保护权利人的合法权益，我社将依法查处和打击侵权盗版的单位和个人。欢迎社会各界人士积极举报侵权盗版行为，本社将奖励举报有功人员，并保证举报人的信息不被泄露。

举报电话：（010）88254396；88258888

传　　真：（010）88254397

E-mail：dbqq@phei.com.cn

通信地址：北京市海淀区万寿路 173 信箱

　　　　　电子工业出版社总编办公室

邮　　编：100036